커피 과학

미생물 의학자가 들려주는 커피의 황홀한 신세계!

커피 과학

탄베 유키히로 저 | 윤선해 옮김

황소자리

나는 바이오 계통을 연구하는 기초의학자이다. 대학교에서 '암'에 관한 유전자를 연구하고 미생물학 강의를 하는 게 내 직업이다. 그런 사람이 왜 《커피 과학》이라는 책을 쓰게 된 건지 의아해하는 사람도 있을 것이다. 다만 나는 (한동안 업데이트를 못 하고 있지만) '百珈苑(백가원)'이라는 커피 관련 웹사이트를, 인터넷 여명기라 할 수 있는 1996년부터 지금까지 운영해오고 있다. 일본 내 커피 분야에서는 가장 오래된 사이트이다.

내가 커피에 관심을 갖기 시작한 것은 대학교 1학년 겨울 무렵이었다. 난생 처음으로 혼자 독립해 살면서 맞은 생일에 '뭔가 한 가지 새로운 취미를 시작해보자'라고 생각했고, 그때 떠올린 게 바로 커피였다. 특별한 이유가 있었던 건 아니다. 그저 '커피를 좋아하는 편이니까'라는 가벼운 마음으로, 집 근처 마트에 가서 분쇄된 커피와 여과지 등 필요한 도구를 샀다. 그리고 어디선가 본 듯한 방법으로 커피를 내린 게 그 시작이었다. 당시에는 커피 맛을 알기는커

녕 블랙으로도 마셔본 적도 없었다. 그런데도 막 내린 커피를 마시자 '이건 뭔가 다르다'는 생각이 들었다. 당장 다음날 서점에 가서 커피 관련 책을 사서 '공부'를 시작했다. 커피 그라인더를 사고, 유명 커피숍을 돌아보고…. 이후 대학원 연구실에서 식후 커피를 내려주는 '커피담당'을 자청해 매일 커피를 내렸다. 그러면서 점점 더 커피의 세계에 매료된 나는 그때 이미 여러 가지 추출법과 수망배전에까지 손을 대기 시작했다.

이렇게 축적한 커피 지식을 알리는 사이트가 '百珈苑'이었다. 반응은 의외로 좋아서 많은 사람들이 이 사이트에 댓글을 달며 호응했다. 그들의 요청으로 나는 이메일 서비스를 시작했고 여러 해 동안 많은 사람들과 교류를 이어오면서 지금에 이르렀다.

나는 어릴 적부터 이과 계통이 좋아서 과학자가 된 전형적 '이과형 인간'이다. 내게는 사물의 원리와 이론을 캐내야만 직성이 풀리는 버릇이 있다. 게다가 대학원 시절에는 약용식물에 함유된 유효 성분을 추출해 약효를 조사하는 생약약리가 나의 전공이었다. 따라서 자연스럽게 커피의 향미 성분에 대해 궁금증을 품게 되었다. 실제로 직접 로스팅하고 추출을 하다 보면, 방법 차이 하나만으로도 달라지는 커피의 향미를 느끼며 '커피 향미의 원천은 무엇일까' '배전과 추출 과정에서 이들 성분은 어떻게 달라지는 것일까' 등 의문이 끊임없이 피어올랐다.

그러나 일본에서 시판되는 커피 관련 책들 중 과학적인 정보를 바탕으로 한 것은 극히 드물었다. 설령 있더라도 내가 원하는 해답은커녕 실마리조차 찾을 수 없었다. 그래서 나는 오래된 전문서와 해외 학술논문에서 정보를 끌어모으기 시작했다. 다행히 PubMed 등 문헌 검색이 온라인에서 가능해지면서 인터넷을 통해 입수 가능한 논문이 폭증했고, 커피에 관한 논문이라면 나는 분야를 가리지 않고 꼼꼼하게 내용을 체크했다. 연구자라고 하지만 내 전문 분야 이외에는 초보자이기 때문이었다. 오래된 기억과 자료를 바탕으로, 혹 모르는 화제에 관해서는 교과서를 찾아 기초부터 공부를 했다. 그러는 사이 입수한 문헌이 1,000건 이상이다.

그 과정을 모두 거친 지금에야 겨우 커피 연구의 윤곽을 어렴풋이나마 볼 수 있게 된 것 같은 생각이 든다. 단 이러한 연구는 대부분 대기업의 연구소에서 진행되는 것이라 우리 같은 가정 소비자나 중소배전업자에게는 적용하기 어려운 부분이 많다. 지금은 친분 있는 커피인 및 커피 취미를 가진 사람들과 함께 그 간극을 좁혀가는 일에 관심을 갖고 활동하는 중이다.

머리글이 책 소개인지 자기 소개인지 애매해졌지만, 이 책은 내가 20여 년 전부터 그토록 읽고 싶어한 '커피의 과학'에 관한 책이다. 지금까지 얻은 지식을 에스프레소처럼 농축해서 한 페이지 한 페이지 꾹꾹 눌러 담았다. 그 당시 나처럼 커피에 대해 깊이 알고 싶어하는 사람, 이과가 좋은 사람, 지적 모험을 즐기는 사람, 그리고 무엇보다 커피가 좋은 사람들이 던지는 '왜?'라는 질문에 친절히 대답해주는 한 권의 책이 되기를 바란다.

자, 그럼 책을 읽기 전에 맛있는 커피 한 잔을 곁에 두시기를….

차례

제8장
커피와 건강
263

건강을 생각할 때 중요한 점 • 신뢰할 수 있는 정보란 어떤 것일까 • 커피의 급성작용 • 장기적 영향을 생각하다 • 상관관계와 인과관계 • 개입실험의 어려움 • 커피의 장기적 영향 • 선악 어느 쪽이 큰가? • 커피를 마시면 장수할 수 있다? • 좋다는 얘기만 할 수는 없잖아 • 과하게 마시면 어떻게 될까 • 과음과 적정량의 경계선 • 일반 성인의 적정량 기준 • 섭취에 주의가 필요한 사람

제1장

COFFEE SCIENCE

커피란 무엇인가?

과학을 알면 커피가 달라진다!

"당신에게 커피란 무엇입니까?"

아주 오래 전, 홍차와 커피를 좋아하는 사람들이 모이는 인터넷 커뮤니티에서 이 질문을 한 적이 있다. '한숨 돌리며 쉴 수 있게 하는 기호식품' '아침에 눈뜬 후 하루를 시작하는 한 잔' '디저트에 빼놓을 수 없는 음료'라는 대답부터 '생활에 필요한 밥벌이'라고 고백한 커피업 종사자의 글, '가까이 하기에는 너무 쓴 음료'라고 평한 홍차파의 대답도 있었다. 그런가 하면 '커피는 커피일 뿐 그 외 아무것도 아니다'라는 냉랭한 철학적 전언까지, 다양한 관점의 대답들이 나왔다.

'시점을 바꾸면, 사물이 달리 보인다'라는 말처럼, 항상 마시는 커피라도 시각을 바꾸면 전혀 다른 모습이 보인다. 커피를 좋아하는 일반인의 시점, 커피숍 프로의 시점, 그리고 '과학의 시점'도 그중의 하나다. 특히 화학, 의학, 생물학, 공학이라는 자연과학 분야에서는 많은 연구자가 '맛과 향의 정체는 무엇인가?' '건강에의 영향은?' 등등 커피의 여러 가지 수수께끼를 탐구해왔다.

그들의 연구 성과는 학술논문의 형태로 발표되기 때문에 해당 분야 전문가가 아닌 일반인이 읽기에는 벅찬 내용이 많다. 다만 이들 논문에는 다른 대중서가 말해주지 않는 커피에 관한 고급 지식들이 숨겨져 있다. 일상에서 우리가 느끼는 의문점에 대한 해답이나 힌트를 찾을 수 있으며, 한편으로는 커피처럼 일상적인 음료에 이렇게 많은 '과학의 씨앗'이 담겨져 있었는지 새삼 놀라게 된다.

이 책은 이미 커피에 대해 잘 알고 있는 사람부터 커피에 흥미를 느끼지만 아직 속속들이 알지 못하는 애호가들을 위해 썼다. 과학의 여러 분야에서 찾아낸 최신 논문을 바탕으로 '과학의 관점에서 본 커피'와 그 매력을 파헤칠 것이다.

커피가 만들어지기까지

본격적인 이야기를 시작하기 전에 우리가 파헤쳐볼 '커피'가 어떻게 만들어지는지, 간단하게 설명해둘 필요가 있다.

우리가 평소 마시는 커피, 좀 더 구체적으로 '음료로서의 커피'는 '커피나무'라는 꼭두서니과에 속하는 식물의 종자를 원재료로 하여 만들어진 것이다. 추위에 약한 커피나무는 열대와 아열대 지역 국가의 커피농원에서 재배되며, 매년 한두 차례 흰 꽃을 피운 후 '커피 체리' 혹은 '커피 베리'라고 불리는 앵두 모양 열매들이 가지에 맺혀 자란다. 익으면 붉은색이나 노란 색을 띠는 열매는 달달해서 그냥 먹을 수도 있다. 단 열매 대부분이 커다란 씨앗으로 구성된 탓에 과육이 얇아 과일로서는 그다지 가치가 없다.

생산자에게도 소비자에게도 중요한 것은 과육이 아니라 씨앗, 즉 열매의 대부분을 차지하는 '커피콩'이다. 시중에 유통되는 커피 상품 중에는 설탕과 유제품, 향료나 보존료 등이 첨가된 것이 많지만 이것은 본래 커피에 들어있는 성분이 아니다. 모든 커피에 공통적으로 들어가는 것은 오로지 커피콩과 추출할 때 사용하는 물, 이 두 가지뿐이다. 이것이 원재료의 전부라고 해도 좋다.

열매와 커피콩의 구조

여기서 커피 열매의 구조를 살펴보자(그림 1-1).

커피의 종자 즉 '커피콩'은 여러 층으로 둘러싸인 열매의 중심이라고 보면 된다. 가장 바깥쪽 표면의 광택 있는 부분을 과피(외과피)가 싸고, 그 바로 아래에는 약간 투명한 과육(중과피)의 얇은 층이 있다. 통상적으로 이 과육 부분을 과피와 함께 '펄프' 또는 '커피펄프'라고 부른다. 과육의 안쪽으로 들어가면 통상 '파치멘트'라고 부르는 얇고 단단한 껍질 2개(혹은 1개)로 씌워진 종자가 들어있다. 이를 '뮤실리지(점액질)' 라고 불리는, 끈적끈적하고 점성이 있는 과육층이 둘러싸고 있다.

파치멘트는 과육층의 가장 안쪽(내과피 또는 중과피의 일부분 등)이 변화된 것으로, 그 안쪽에 커피 종자인 '생두'를 품고 있다. 열매가 자라는 동안 파치멘트 속은 대부분 생두로 채워진다. 수확 후 얼마 정도 지나면 주유胚乳라고 불리는 부드러운 액상 조직이 파치

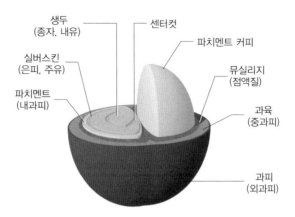

그림 1-1 커피콩의 구조

멘트와 생두 사이 틈에 생긴다. 정제 후의 커피는 건조된 주유가 얇은 피막이 되어 생두 표면 전체를 감싼다. 생두 중앙 파인 곳(센터 컷)에도 건조된 주유가 채우고 있다. 흔히 이 피막을 '실버스킨(은피)'라고 부른다.

커피 가공 공정

커피 열매를 수확해 '음료로서의 커피'를 만들기 위해서는 여러 단계의 가공 공정을 거쳐야 한다(그림 1-2). 이를 크게 구분하면 (1) 농원에서 수확한 열매에서 생물 상태의 생두를 만드는 '정제', (2) 생두를 가열하여 커피의 맛과 향과 색을 만드는 '배전', (3) 배전한 콩에서 물(온수)로 성분을 추출해 음료로 만드는 '추출'로 나뉜다.

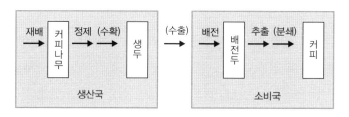

그림 1-2 커피가 되기까지

정제

농원에서 수확한 열매는 집적장에 모이고 과육을 벗겨내 생두만 꺼
낸다. 이 공정이 '정제(프로세싱)'다. 프로세싱이란 본래 '가공'을 의
미하는 말로, 생산지에서는 선별과 건조까지 포함한 일련의 작업
을 통칭한다.

　국제용어집에서는 그 이후 행해지는 배전과 분쇄까지 포함해 프
로세싱이라고 일컫는다. 하지만 이 책에서는 일본 용례에 맞추어
생산지에서 생두를 만들기까지 공정을 '정제'라고 부르겠다.

　앞서 언급한 커피 열매의 구조(그림 1-1)에서 알 수 있듯이, 열매
에서 생두를 얻으려면 생두를 감싸고 있는 펄프와 점액질, 파치멘
트를 제거해야 한다. 특히 생두를 직접 감싼 파치멘트를 어떻게든
벗겨내는 게 관건이다. 수확 직후 수분이 많은 상태에서는 생두도
파치멘트도 물러서 깨끗이 벗겨내기가 어렵다. 열매를 어느 정도
건조한 후 기계적으로 힘을 가하면 파치멘트가 '빠직' 하고 벌어져
서 생두만 잘 빼낼 수 있다.

　'파치멘트가 적당히 건조된 상태'에 도달하기까지 처리하는 정제
방식은 몇 가지로 분류된다.

● 건식 정제dry process : 내추럴, 비수세식unwashed

말 그대로 물을 사용하지 않는 정제법으로, 수확한 열매를 햇볕에
말려 완전히 건조시킨다. 바짝 말리면 펄프와 점액질, 파치멘트가
함께 굳어서 두꺼운 껍질(허스크)이 되고, 이를 쪼개면 안에서 생두
만 나온다. 커피 음용 초기부터 이용되던, 역사적으로 가장 오래된
방법이다. 물 사용이 용이하지 않은 브라질 남부나 예멘 등지에서
지금도 주로 사용하는 정제법이다.

● 습식 정제washed process : 수세식washed

물을 사용해 정제하는 방법이다. 뒤에 나오는 반수세식도 정제에
물을 사용하기 때문에 여기서는 전수세식fully washed이라고 구별해
부르겠다. 우선 열매를 펄퍼pulper라는 기계에 돌려 과피와 과육을
벗겨낸 후 씻는다. 그러나 통상 펄퍼로는 파치멘트에 들러붙은 점
액질까지 완전히 분리해내지 못하기 때문에, 이를 큰 수조에 넣어
하룻밤 재운다. 그러면 수조 안 미생물에 의한 발효로 점액질이 분
해되고 이후 공정에서 깨끗한 물로 씻어내기만 하면 생두와 점액질
이 분리된다. 이를 '파치멘트 커피'라고 부른다. 이 상태로 보관해
두었다가 수출 직전 파치멘트라는 얇은 막을 제거한다. 펄퍼가 발
명된 1850년대부터 카리브 해에서 사용한 방식으로, 이후 세계 각
지에서 주류 정제법이 되었다.

● 반수세식semi-washed

앞서 말한 두 가지 방식의 중간 형태로, 전반부의 펄프 처리까지는

습식, 후반부는 건식과 같다. '펄프드 네추럴pulped natural'이라고도 불린다. 전수세식에서는 펄프 처리 후와 수조 발효 후 도합 2회 수세 과정을 거치는 데 반해, 이 방법은 한 번만 물을 사용하기 때문에 반수세식이라는 이름이 붙었다. 하지만 정제 과정에 물을 사용하기 때문에 국제용어집에서는 습식의 일종으로 분류한다.

20세기에 새로운 펄퍼가 지속적으로 개발되면서 이 방식도 날로 변화했다. 고성능 펄퍼나 뮤실리지 리무버라 불리는 기계를 사용해 펄프뿐 아니라 점액질까지 한꺼번에 문질러 제거한 후, 파치멘트 상태로 건조하고 탈각해 생두를 분리하는 식이다. 1980년대 이후 브라질에서 이 방식을 널리 사용하고 있는데, 최근 이 점액질을 어느 정도 제거하는지에 따라 향미가 달라진다는 사실이 밝혀지면서 코스타리카나 파나마 등 중미지역 커피농원에서는 '허니 프로세스'라 불리는 스페셜티커피 등 고급품을 만드는 데 응용되고 있다.

인도네시아 수마트라 섬과 슬라웨시 섬에서 유명한 '수마트라식' 정제도 반수세식의 일종으로 분류된다.

배전

정제된 생두는 보관 중 곰팡이 발생을 막기 위해 수분 함유량 12% 이하로 건조한 후 생산국에서 소비국으로 수출해 다음 공정인 '배전'을 거친다. 커피 배전이란 한마디로 '생두를 가열해 볶는 것'이다. 콩 속 수분을 날리면서 통상 180~250도까지 가열하는 과정을 말한다. 배전 이후의 커피콩은 시간이 경과하면서 향이 날아가고 성분이 변질되며 향미가 열화된다. 이런 경시経時열화를 최소화하

동물의 OOO에서 채취하는 최고급 커피

인도네시아에 '커피 루왁'이라는 독특한 커피가 있다. 때때로 100그램에 10만 원을 호가하는 고가 커피이다. '루왁'은 사향고양이를 의미하며 현지에서는 고양이의 배설물에서 아직 소화되지 않고 남아있는 생두만을 모은 것을 말한다. '왜 그런 짓을…,' 하는 사람도 있겠지만 그 음용 역사는 아주 오래된 것으로, 19세기 후반 프랑스 문헌에도 소개된다. 당시에도 '아는 사람만 아는' 진미로 고가에 거래됐다는 이 커피는 '동물의 배설물에서 채취한 (당시) 세계에서 가장 비싼 커피'로서 1995년 이그노벨상Ig Nobel Prize을 수상했다. 이후 영화에까지 등장하면서 일약 유명 상품으로 도약했다. 동물에게 과육을 소화시키게 한 뒤 생두만 채취하는 과정을 놓고 보면, 그것만으로 기발한 정제 방법이라 할 수 있지 않을까.

'더럽다'고 생각할 수도 있지만 생두는 파치먼트에 쌓여있기 때문에, 그 속에서 나오기 전까지는 깨끗한 상태다. 만에 하나 잡균이 붙어있다면 배전 과정에서 전부 죽을 것이므로 '일단' 미생물에도 문제가 없다. 물론 그걸 마시는 기분이야 사람마다 다르기 때문에 무리해서 권하고 싶지는 않다.

이 커피가 고가로 거래되는 까닭에서인지 최근에는 원숭이에게 커피를 먹여 그 배설물에서 골라 모은 인도의 '몽키 커피'와 쟈쿠라는 새의 배설물에서 골라낸 브라질의 '쟈쿠버드 커피'가 나왔다. 심지어 태국에서는 코끼리에게 커피 열매를 먹여 만드는 '블랙아이보리'라는 유사품(?)도 많이 시판된다.

루왁 커피를 만들기 위해 좁은 우리에 사향고양이를 가둬놓고 커피 열매를 억지로 먹이는 업자들도 있어서, 동물학대 문제가 불거지기도 한다. 독창적인 커피이기는 하지만 지나치게 화제로 삼아 과열되는 부분은 없지 않은가 생각해볼 일이다.

기 위해 배전은 소비지역에서 하는 게 일반적이다.

　배전은 생두가 함유한 성분을 커피의 색, 향, 맛의 성분으로 만들어내는 아주 중요한 공정이다. 배전 전의 생두를 그린커피green coffee 또는 그린빈green bean이라고 부르는데, 이 이름대로 보통 녹색을 띄며 향과 맛에서도 풋내가 난다. 이것을 끓여봐도 '우리가 아는 커피'가 되지는 않는다. 그런데 생두를 배전하면 점차 갈색, 흑갈색으로 변화하면서 고소하고 향기로운 '배전원두'로 재탄생한다. 똑같은 생두를 원료로 하더라도 배전 정도에 따라, 그러니까 '약배전 → 중배전 → 강배전'에 따라 전혀 다른 맛과 향을 지닌 커피로 변모한다. 어떤 커피가 좋은지는 개인의 취향에 따라 달라지지만, 특징이 되는 어떠한 향미도 배전이라는 과정 없이는 만들어지지 않는다고 해도 과언이 아니다.

추출

배전한 커피콩은 '커피그라인더'라고 불리는 기구로 분쇄해 그 안의 성분을 온수나 찬물에 용해시켜낸다. 이 공정이 바로 '추출'이다. 이 단계에서 우리가 일상적으로 접하는 '음료로서의 커피'가 완성된다. 일단 추출된 커피는 배전 원두 상태보다도 더 쉽게 변질된다. 따라서 향미를 중시한다면 추출은 가능한 한 마시기 직전에 하는 것이 이상적이다. 인스턴트나 캔커피 등을 제외하고 집에서 마실 때에는 각자 커피를 내리기 때문에 '추출'은 가장 친숙한 가공 공정이다.

　색과 맛, 향 성분이 새롭게 만들어지는 배전과 달리 추출 과정에서는 딱히 새로운 성분이 만들어지지 않는다. 그러나 배전 원두가 함유한 수많은 성분 중 어떤 성분을 어느 정도로 뽑아내는지에 따라 완성된 커피의 향미는 많이 달라진다. 드립식, 사이폰, 에스프레소, 프레스 등 여러 추출법이 있지만 각각의 전용기구나 기계, 추출 속도에 따라 성분 밸런스에는 엄청난 차이를 보인다. 같은 추출법이라도 미세한 조건에 의해 성분 밸런스가 변하는 것은 흔한 일이다. 커피숍에서 마시던 것과 같은 원두를 동일한 기구로 뽑아냈는데 '왜 내가 내리면 다른 맛이 날까' 고개가 갸웃거려지는 것도, '어제와 같은 커피인데 오늘은 왜 맛이 다르지' 하고 느껴지는 것도 다 이 때문이다. 추출은 '커피라는 음료'를 만들어내는 '마무리'에 해당하는 중요한 공정이다.

이렇게 농장에서 수확된 커피 열매는 (1) 정제 (2) 배전 (3) 추출이라는 과정을 거쳐 우리가 마시는 커피로 다시 태어난다.

제2장

COFFEE SCIENCE

커피나무와 커피콩

'커피나무는 꼭두서니과의 커피속에 속하는 상록수이다.' 커피 관련 서적에 약속처럼 나오는 문장이다. 거기서 품종과 생산지 설명으로 들어가는 것이 당연시되지만, 여기서는 조금 더 상세한 식물학의 세계로 들어가보자.

꼭두서니과란 어떤 식물인가?

커피나무가 속한 꼭두서니과는 피자식물문被子植物門 쌍떡잎식물망 국화류 용담목에 속한 식물 그룹으로, 남극 대륙과 아프리카, 아시아 일부를 제외하고 지구상 대부분의 장소에 분포한다. 현재 609속 13,673종이 이에 속하며 식물의 과科 중 국화과, 난과, 콩과에 이어 네 번째, 식물 전체에서도 약 4%를 차지하는 큰 그룹이다. 풀과 덩굴 형상의 식물(초본식물), 수목이 되는 식물(목본식물) 등 두 부류가 있는데 열대성 저목低木이 특히 많고, 잎과 꽃의 형태에서 공통적인 특징이 나타난다. 일부 예외를 제외하고, 꼭두서니과 식물의 잎은 잘라놓은 듯 생기거나 울퉁불퉁하지 않고 반듯한 형상을 한 엽록을 지닌다. 가지의 같은 부분에서 두 장의 잎이 좌우대칭으로

그림 2-1 커피나무의 잎과 꽃
(사진제공: 〈좌〉 Forest & Kim Starr 〈우〉 Secretaria de Agricultura a Abastecimento).

나고, 잎자루에 탁엽托葉이라 불리는 조그마한 조각이 붙는다. 꽃잎
은 얼핏 여러 개로 보이지만, 자세히 관찰해보면 하나의 씨방으로
이루어져 있다. 이는 커피나무에서도 공통적으로 나타나는 특징이
다(그림 2-1).

꼭두서니과에는 염료의 원료가 되는 꼭두서니와 말라리아의 특
효약 성분 키니네kinine를 함유한 키나나무, 향이 좋기로 유명한 치
자나무 등 인간과 관계 깊은 식물이 몇 종 있지만(표 2-2), 유명한
것은 그 정도에 불과하다. 네 번째로 큰 그룹이라는 사실에 비하면
재배 작물과 원예식물로서 친숙한 국화과, 난과, 콩과는 물론 다섯
번째인 벼과보다 존재감이 약한 셈이다. 꼭두서니과 중 사람과 가
장 밀접한 식물이 커피나무라고 해도 과언이 아니다.

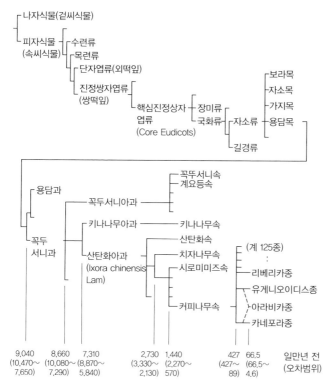

그림 2-2 꼭두서니과와 커피나무의 계통도 APG Ⅲ, Bremer & Eriksson (2009), Yura (2001)을 토대로 작성.

커피나무의 기원

아카네과 커피나무속, 즉 커피나무 무리는 현재 아프리카, 동남아시아, 중남미, 하와이 등 적도를 중심으로 지구를 한 바퀴 일주하는 북회귀선과 남회귀선까지의 지대(커피벨트)에서 자란다(그림 2-3). 단 대부분은 자생하는 게 아니라 17세기 이후 인위적으로 옮

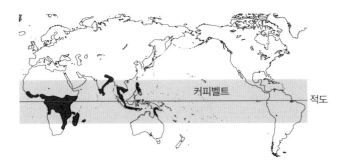

그림 2-3 야생 커피 분포도. 데이비스 팀 연구논문 인용(2011).

겨져 재배된 품종이다. 야생의 커피나무속은 마다가스카르 섬을 포함한 아프리카 대륙과 인도 반도 연안부에서 오스트레일리아 북동부에 걸쳐 남동남아시아에 분포한다. 참고로 일본의 경우 커피나무의 자생구역에는 포함되지 않지만, 오키나와와 오가사와라 제도 등이 재배 가능 지역에 들어간다. 또 일본의 식물 중 커피나무와 가까운 무리는, 오키나와와 남서제도에 자생하는 시로미미즈라는 저목으로 현지에서는 그 종자를 커피 대용으로 마시기도 한다. 일본 본토에 자생하는 식물로는 치자나무가 식물학적으로 커피나무에 가장 가깝다.

이러한 녹색 식물들 안에서 커피나무는 어떻게 생겨난 것일까. 야생 커피나무 무리가 아프리카 대륙, 마다가스카르 섬, 인도 등에 분포한 것으로 미루어 이 지역이 하나의 거대한 대륙, 곤드와나 대륙 안에 근접했던 1억 6,000만 년 전쯤 커피나무가 공통조상에서 생겨나 대륙이 분열될 때 떨어져 흩어졌다는, 1982년 프랑스 식물학자 펠릭스 모리소 레와의 가설이 오랫동안 설득력을 얻어왔다.

이 가설에 따라 분류되는 식물군을 흔히 '곤드와나 식물군'이라고 부른다.

그런데 이 '커피=곤드와나 식물군' 설은 최근 커피나무속에 대한 유전자 해석이 진행되면서 부정되기 시작했다. 커피나무속이 다른 꼭두서니과 식물에서 분기된 것은 훨씬 이후이라는 설이 속속 제기된 것이다. 커피나무의 조상은 약 2,730만 년 전 치자나무의 선조에서 분기되었다. 이후 1,440만 년 전에 시로미즈의 선조로 다시 분기되어, 남기니아 지방(현재의 카메룬 주변)에서 생겨났다고 한다. 여기에서 아프리카 열대지역 전체로 퍼져나가 대륙을 종단하는 그레이트 리프트 벨리Great Rift Valley, 해협, 사바나 등 삼림 분단지역에 따라 서로 상이한 환경에 적응해 진화하기 시작했다(그림 2-4). 이 것이 약 420만 년 전의 일이라고 추정된다. 이들 지역에는 현재까지 각각 고유한 커피나무속 식물이 자생하며 그 중에서도 카메룬, 탄자니아, 마다가스카르는 유전적 다양성이 보존된 '핫 스팟'으로 알려져 있다. 또한 아시아, 오스트레일리아에는 소말리아 반도 저지대에 적응한 나무가 전해진 것으로 보인다. 그러나 현재 '커피'를 얻기 위해 재배되는 품종은 단 두 종류. 아라비카종과 카네포라종(로부스타)이 절대 다수를 차지한다.

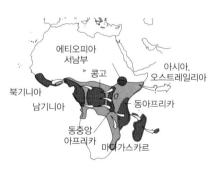

그림 2-4 아프리카 대륙에서 전파되다. 앤서니의 연구 (2010)를 바탕으로 작성.

커피나무속 대표 종

아라비카종Coffee Arabica L. 1753

아라비카종은 커피나무속을 대표하는 종이다. 이 책에서 특별히 언급하지 않는 한 '커피나무'는 아라비카종을 지칭한다고 간주해도 무방하다. 125종 커피나무속 중 가장 사람과 관계가 깊고, 가장 오래 관계해온 식물 종이다. 15~17세기에 음용되기 시작한 '최초의 커피'이며 이후 수백 년간 이 아라비카종이 '세계에서 유일한 커피'였다. 현재 커피 생산량의 약 60~70%를 차지하며, 우리가 평소 마시는 커피는 대부분 아라비카종이거나 아라비카종에 카네포라종을 블렌딩한 것이다.

아라비카종은 에티오피아(아비시니아) 고원이 원산지이다. 보다 정확하게 설명하자면 에티오피아 고원 서남부 고도 1,300~2,000미터, 현재 행정 구분상 남부서민족주와 오로미아 주 일부 지역으로 19세기 카파왕국이 이곳에 있었다(그림 2-4). 에티오피아 서남부에는 지금도 야생 아라비카종이 자생하며 지역에 따라 야생 또는 반야생 커피나무에서 생두를 채취한다.

아라비카종은 고도 1,000~2,000미터의 기온이 낮은 고지대에서 재배하기 적합하다. 세계적으로 유명한 상업적 재배 지역도 다 여기에 속한다. 뒤에 기술하는 카네포라종과 비교해 향미가 뛰어난 고품질 커피로 평가되지만, 병충해에 약한 게 단점이다. 이 약점을 극복하기 위해 카네포라종 등과 교배해 내병성 개량종(하이브리드 품종)을 만들어내기도 하는데, 이들 개량종 역시 생산 구분으로는 아라비카종에 포함된다.

카네포라 Coffee canephora Pierre ex A.Froehner. 1897

커피나무속 중 아라비카에 이어 중요한 게 바로 카네포라종이다. 얼핏 생소할 수도 있지만, '로부스타'라고 하면 웬만한 커피 마니아들은 바로 알 것이다. 카네포라종과 로부스타종은 식물학상 같은 종이며 '카네포라종'이 정식 학명이다. 다만 커피업계에서는 로부스타라는 이름이 널리 사용된다.

　로부스타라는 말은 '강인한' '거친'이라는 뜻을 지닌다. 이 이름이 가리키듯 아라비카종보다 내병성에 뛰어나다. 또 저지대에서도 재배가 가능하며 수확량도 많아 '강인한' 품종이지만, 아라비카종보다 향미가 '거칠다'는 평가를 받는 탓에 싼 값에 거래된다. 이러한 특징 때문에 세련되지 못한 오래된 재배종이라고 치부되기 십상인데, 사실 커피 세계에서는 아라비카종보다 '뉴페이스'이다. 19세기 말 동남아시아에서 커피 녹병(곰팡이에 의한 전염병)이 유행했을 때, 로부스타만 유일하게 모든 종류의 녹병에 대해 내성을 지녔다는 사실이 드러났고 이후 인도네시아와 베트남, 인도, 브라질 일부 지역, 서아프리카 등을 중심으로 재배하기 시작했다.

　카네포라종은 중앙아프리카가 원산지이며, 현재 서아프리카에서 중앙아프리카 고지대에 걸쳐 넓게 자생한다. 고도 250~1500미터의 비가 많은 저지대에서도 잘 자란다. 아라비카종과 비교해 생두 상태의 자당과 유분 함유량이 적고, 추출한 커피의 산미나 향미가 많이 떨어진다. 또한 '로부스타취'라고 특정된 용어가 통용될 만큼, 고유의 마른 흙냄새 역시 저평가되는 원인으로 꼽힌다.

반면 쓴맛의 원인인 클로로겐산과 카페인이 풍부해서 아라비카종에 살짝 블렌딩을 하면 쓴맛과 깊이가 증강된다. 이를 위해 이탈리아 전통 에스프레소에 로부스타를 배합하기도 하고, 인스턴트 커피나 캔커피 원료로 비싼 아라비카종 대신 로부스타를 즐겨 사용한다. 최근 생두를 증기로 처리함으로써 로부스타 냄새를 억제하고 산미를 증가하는 방법이 고안되면서, 10년 전 전체 생산량의 20%에 머물던 것이 현재 30~40%까지 늘어났다.

리베리카종 Coffee liberica W.Bull. ex Hiern. 1876

조금 오래된 커피 관련 책을 읽으면 아라비카종, 카네포라종에 리베리카종을 포함한 3개 종을 '커피의 3대 원종'이라고 소개한다. 리베리카종은 그 이름대로 서아프리카 리베리아에서 처음 발견되었고, 카네포라종보다도 오래 전부터 인도네시아에서 재배하고 있었다. 카네포라종 정도는 아니지만 쓴맛이 강하고, 향미 역시 아라비카에는 뒤처진다. 내병성도 두 종의 중간 정도, 일부 녹병에 저항성을 가진 것으로 알려져 있다.

현재 리베리카종 생산량은 세계적으로 매우 적다. 서아프리카와 필리핀, 말레이시아 일부에서 재배되며, 브라질에도 '드웨브레이dewevrei'라는 리베리카종 변종이 발견되었다. 또 인도의 시험장에서 아라비카종과 교배로 태어난 S라인이라는 하이브리드 품종 중에 리베리카종 유전자를 가진 것이 밝혀졌다. 이 외에 세계 각국 농업 시험장에서는 서아프리카 스테노피라종Stenophylla과 마다가스카르 섬 주변 및 마다가스카르 제도의 마스카로코페아_{Mascarocoffea}를 비롯해 연구 육종을 위해 많은 커피나무속 식물을 재배한다. 하지만 상업 규모에 이른 종은 거의 없다.

종과 품종

식물을 비롯한 생물의 분류기준 단위는 '종(생물종)'이다. 식물에 따라 이 '종' 아래 좀 더 작은 분류군으로 아종, 변종, 품종, 재배품종(원예품종)으로 구성되기도 한다. 이러한 하위분류를 어떻게 다룰 것인가는 재배작물, 원예식물 등 분야에 따라 조금씩 다르지만 식물학에서는 일반적으로 다음과 같이 구분된다.

- 아종 : 종만큼 큰 형태적 차이는 없지만, 지리적 분포나 생태적 상이점이 있는 것.
- 변종 : 분포 외에 다른 차이는 없지만, 형태상 한 개 이상의 차이를 보이는 것.
- 품종 : 여러 겹 꽃잎이나 꽃의 색 등 형태적 차이가 한 곳만 있어도 달라지는 가장 작은 분류 단위.
- 재배품종 : 아종, 변종, 품종에 붙여지는 통칭으로 재배작물과 원예식물에 사용됨.

커피나무에는 아라비카종과 카네포라종이 분류상 '종'에 해당된다. 또 19세기 말부터 20세기 초반에 걸쳐 아라비카종 중에서도 과실이 노란색이거나 알이 굵은 것 등 모양이 서로 다른 것들이 발견되면서 '변종'으로 구분되었다. 하지만 이후 에티오피아 서남부에서 조사를 계속한 결과, 야생 아라비카종이 훨씬 더 큰 폭의 불균일한 특성을 지니며 유전적으로나 형태적으로 다양한 집단임이 판명되었기 때문에 '변종'의 기준을 충족하지 못한다는 이유에서 최근에는 변종으로 구분하지 않는 추세다. 현재 아라비카종에는 식물학상 아종과 변종이 존재하지 않는다. 이전에 변종이라고 구분되던 것도 이제 다양한 아라비카 '재배품종'으로 묶이는 것이다.

아라비카종은 변종

자, 이제 아라비카종을 중심으로 커피 이야기를 펼쳐보자.

우리와 가장 친숙한 커피나무속의 대표 주자이지만 사실 아라비카종은 식물학적으로 볼 때 125종 중 가장 심한 '변종'이라 할 수 있다. 최대 차이는 염색체의 수이다. 아라비카종을 뺀 커피나무속의 염색체수는 22개(2n)이다. 유일하게 아라비카종만 그 배수인 44개(2n)이다.

또 자가수분이 가능하다는 게 무엇보다 큰 특징이다. 사실 커피나무속에는 암술과 수술이 꽃봉오리에서 비어져 나올 정도로 긴 종류와 꽃봉오리 안에 묻혀 안 보일 정도로 짧은 종류가 있는데 이전에는 전자를 커피나무속(105종), 후자를 프실란더스(20종)라는 다른 속으로 분류했다. 꽃 형태 차이는 수분 양식에 영향을 미친다. 전자는 자신의 화분과 암술로는 수분할 수 없는 '자가불화합성'이다. 또 대부분 풍매화로서 돌기된 수술과 암술은 화분을 바람에 날려 다른 나무와 교배하기에 적합하다. 반면 후자는 자가수분(자가화합성)이 가능해서, 같은 꽃봉우리 안에서 스스로 수분한다.

자가불화합성과 자가화합성, 어느 쪽을 택할 것인가는 그 식물의 생존전략에 따라 달라진다. 자가수분이 가능하다면 확실하게 수분되어 자손을 남길 수 있는 장점을 지닌다. 반면 유전적으로 다양성을 잃기 쉬워 급격한 환경변화에 취약하다는 단점이 있다. 한편 자가수분 불능인 경우 유전적 다양성을 확보할 수 있지만, 바람으로 화분을 날리는 데 실패할 확률이 높다. 어느 쪽을 선택하느냐에 따라 커피나무속은 서로 다른 꽃 형태를 발달시켰다. 그런데 아라비카종은 타가수분에 적합한 유형의 꽃을 지니면서도 자가수분이 가능한 이색적인 존재이다.

이 특징은 커피 재배가 전 세계로 확산되는 상황에도 영향을 끼쳤다. 커피나무가 예멘에서 네델란드와 파리와 마르티니크 섬으로 옮겨갈 때에도, 몰래 훔친 나무를 브라질로 빼돌릴 때에도, 한 개혹은 몇 개의 종자와 묘목만이 그곳으로 건너가 새로운 땅에 이식된 것이다.

이렇듯 낯선 땅으로의 이식이 성공할 수 있었던 건 자가수분이가능한 아라비카종이기에 가능했다. 이 묘목이 카네포라종처럼 자가수분이 안 되는 경우였다면, 소수의 묘목으로 자손을 남기기는건 어림도 없거니와 생두조차 얻을 수 없었을 것이다. 다시 말해

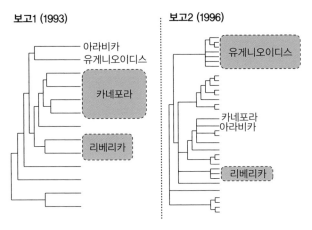

보고1 (1993)　　　　보고2 (1996)

아라비카
유게니오이디스

카네포라

리베리카

유게니오이디스

카네포라
아라비카

리베리카

그림 2-5 커피나무속 유전자해석. Lashermes(1993,1996)을 바탕으로 작성.

커피 재배가 지금처럼 전 세계에 보급된 건 전적으로 아라비카종의
특이성 덕분이다.

아라비카종의 생육

이 별종의 커피나무 아라비카종은 어떻게 세상에 나오게 됐을까.
이를 밝혀낸 것은 1990년대에 시작된 커피나무 유전자 해석 덕분
이다. 아라비카종을 포함한 커피나무속 유전자를 계통분석한 결
과, 기묘하게도 두 개의 다른 결과가 나왔다(그림 2-5). 어느 연구
에서는 아라비카종이 카네포라종과 가장 가깝다고, 다른 결과에서
는 유게니오이디스종eugenioides이라는 그다지 알려지지 않은 종에
가깝다는 결과가 나온 것이다. 이 유게니오이디스종은 탄자니아

표 2-1 카네포라, 아라비카, 유게니오이디스 비교

	카네포라종	아라비카종	유게니오이디스종
염색체 수(2n)	22	44	22
생식지역	서~중앙아프리카	에티오피아서 남부	탄자니아 서부
고도(m)	250~1,500	1,000~2,000	1,000~2,000
강우량	다우~습윤	습윤~약간건조	습윤~약간건조
생두중 카페인량 (건조중량중)	2.4%	1.2%	0.3~0.8%

서부 고도 1,000~2,000미터에서 자생하는 종으로 자가수분은 불가능하며, 현지에서 커피로 마시기도 한다. 또 생두에 카페인이 적기 때문에 최근에는 저카페인 품종 개발용으로 주목받고 있다.

이후 연구가 거듭되어 아라비카종이 지닌 44개의 염색체 중 절반인 22개가 카네포라종, 나머지 22개가 유게니오이디스종과 가깝다는 사실이 드러났다. 나아가 모계로만 이어지는 엽록체와 미토콘드리아 DNA를 유전자 분석한 결과, 아라비카종은 유게니오이디스종에 가깝다는 결과를 얻었다. 이를 종합하면 아라비카종은 카네포라종의 조상을 부친으로, 유게니오이디스종 조상을 모친으로 한 이종교배에 의해 태어났으며 이 과정에서 염색체 수가 배가돼 '이질사배체'라고 불리는 유형의 식물이 탄생한 것으로 추정된다. 사배체화한 교배종이 자가불화합성에서 자가화합성으로 변하는 현상은 다른 식물에서도 종종 발견된다. 그러니까 아라비카종의 자가수분 역시 사배체화의 부산물이라고 볼 수 있을 듯하다.

그런데 카네포라종은 중서아프리카의 비교적 고도가 낮고 다습한 지역에서 자라는 데 비해, 유게니오이디스종은 중앙아프리카의 건조한 고지대에서 발견된다(표 2-1). 생식지가 서로 다른 '아라비카종의 부모들'은 어떻게 만난 걸까. 이 두 개의 종이 공생하는 지역이 전 세계에 딱 한 군데 있다. 빅토리아 호 북서에 위치한 앨버트 호 주변이 바로 그곳이다(그림 2-6).

따라서 프랑스개발연구소IRD 팀은 이 주변에 자라던 유게니오이데스종 조상에 카네포라종 조상의 화분이 우연히 수분되었고, 이것이 배수화돼 아라비카종의 조상이 탄생했다는 가설을 세웠다.

수십만 년 전 앨버트 호 주변에 자리잡은 아라비카종의 조상은 그후 산맥을 따라 에티오피아 서남부까지 확산되었고, 그곳에서 큰 시련에 봉착했다. 빙하기가 찾아온 것이다. 가장 최근의 빙하기인 뷔름빙기Wurm glacial period는 7만 년 전에 시작되었다. 그 추위가 정점을 찍었던 2만 년 전 아프리카에는 차갑고 건조한 사막이 확

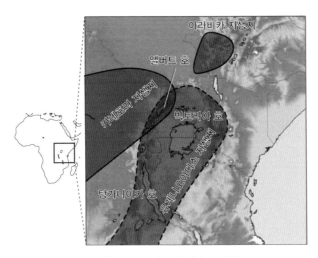

그림 2-6 아라비카종이 태어난 고향. Lashermes(1999)를 바탕으로 작성.

대되었다. 에티오피카 고원에서도 특히 높은 산 정상부는 만년설로 뒤덮였다. 커피나무는 서리에 약하기 때문에 아라비카종의 조상도 차례차례 말라죽었을 것이다. 다만 고도가 다소 낮은 에티오피아 서남부는 기후가 비교적 온난해서 산림이 드문드문 있었다. 아라비카종은 그곳을 '피난지' 삼아 살아남은 것이다.

시간이 흐르고 지금으로부터 1만 년 전에 마지막 빙하기가 끝났다. 빙하시대에 살아남은 것들이 다시금 번식을 시작해 지금까지 자생하는 아라비카종으로 이어졌다고 추정된다.

커피나무는 '음지 출신?'

현재 야생 아라비카종은 에티오피아 서남부에서 남수단에 이르는 원시림에서 발견된다. 잎과 열매의 형태나 크기, 새싹의 색이 균일하지 않고 매우 다양한 모습으로 자생하는 집단이다. 1950년대 채집조사에서는 13종류로 분류되었지만, 아직도 모르는 품종들이 원시림 속에 숨겨져 있을 가능성이 높다.

현지에서는 이를 '숲속의 커피Forest coffee'라고 부르며, 그 과실을 채취하는 방식으로 커피콩을 모으고 있다. 또 채취할 때 주변의 나무와 풀을 깎아내는 등, 사람 손을 많이 타서 완전 야생이라 할 수 없는 것은 '세미포레스트 커피'라고 부른다. 이러한 사정으로 에티오피아 아라비카종을 '에티오피아 야생종 또는 반야생종'이라고 통칭한다. 이러한 아라비카종은 현재 온난화에 의해 절멸 위기에 놓

커피 게놈 프로젝트

2014년 9월, 프랑스와 아메리카를 중심으로 하는 국제 연구프로젝트가 〈사이언스〉에 논문을 발표했다. 커피나무 게놈 해석을 완료한 것이다. 해석에 사용된 것은 아라비카가 아닌, 카네포라종(로부스타)이었다. 사배체화한 아라비카보다 게놈 사이즈가 작아서 해독에 적합했기 때문이다. 또 아라비카의 경우 브라질에서 EST(발현유전자표시, Expressed-Sequence Tag)라이브러리라는 부분적 유전자 데이터베이스가 이미 제작되었으며, 이와 연계한 아라비카종 게놈 해독도 현재 진행중이다.

게놈 해석으로 대체 무엇을 알 수 있을까.

해독 팀은 신속하게 커피 게놈에서 카페인 합성에 관한 후보 유전자를 모두 채취해 카카오 및 차와 비교했다. 그 결과 커피 유전자군만이 다른 식물과 큰 차이를 보인다는 사실을 발견했다. 이는 커피가 진화 과정에서 카페인 합성 능력을 독자적으로 획득했음을 의미한다. 바꿔 말하면, 식물에게 있어서 카페인을 만드는 것은 일종의 '수렴진화' 가능성을 내포한다. 또한 이미 해독된 로부스타의 '강인함' 특히 녹병에 대한 완전한 내성은 커피 생산의 미래에 큰 의의가 있다. 해독된 게놈의 어딘가에 내녹병성 열쇠가 되는 유전자가 있을 것이기 때문이다. 이를 아라비카의 유전자에 도입하면 새로운 내병 품종을 만들어낼 수도 있을 것이다. 또 향미가 뛰어난 고품질 품종 개발로도 이어질 수 있다.

게놈 해석에 의해 식물학적 커피 연구는 새로운 국면을 맞은 셈이다.

인 상태다.

그 외에 에티오피아에서는 다른 생산국 품종과는 다른 아라비카종이 발견되고 있다. 가령 동부의 오래된 산지 중 하나인 하라 지방 제르제르츠 마을에는 높이 8미터에 달하는 수령 100년 넘은 고목이 있어서, 마을 사람들이 나무 주변에 짜놓은 발판을 타고 올라가 커피를 수확한다. 다른 생산국에서는 나무가 크면 수확하기 어렵기 때문에 2~3미터로 전정하는 게 일반적이다. 본래 아라비카종은 주변의 키 큰 나무들 사이 그늘에서 자라는 음지식물(음수)로, 약간의 일조량만으로 생육에 필요한 광합성을 할 수 있다. 커피나무는 완전 일조의 20% 정도만으로도 광합성 최대치에 도달한다. 이 때문에 원시림 안에서는 키 큰 나무와 지표식물 사이(생태적 지위)에 위치하며, 나무 키도 4~6미터 가량의 저목으로 자라난다.

이런 특징 때문에 중미 등 몇몇 생산국에서는 농원에 아카시아나 바나나 등 큰 나무shade tree를 혼식해 그 나무 그늘에 커피나무를 심는, 일명 그늘 재배를 실시하기도 한다. 관계자들의 설명에 따르면, 원시림 본래의 환경과 비슷하게 만든 이 농법이 과도한 기온 상승이나 잎이 타는 것을 막아, 고품질 커피를 만들 수 있다고 한다. 또 식생의 다양함이 곤충과 새 등 생태계 균형을 잡아주는 덕에 환경과 유전적 다양성 확보에도 유용하여, 결과적으로 커피 농원의 병충해가 감소하는 등 친환경적이라고 주장하는 사람도 있다.

한편 이 방법은 일조량이 줄어 꽃봉오리가 맺히기 어렵고 수확시 기계를 사용하기 곤란해 생산성이 떨어진다는 단점이 있다. 그래서 안개가 많고 일조량이 적은 지역에서는 셰이드 트리 대신 커피나무 스스로 그늘을 만들게 하는 밀식 재배를 선호한다. 블루마운틴으로 유명한 자메이카나 브라질 일부 지역, 하와이 등이 대표적인 곳이다. 이들 국가의 농업시험소에서는 셰이드 트리를 사용하지 않아도 품질에 큰 차이가 없다는 여러 데이터를 내놓았다. 단 커피 품질은 산지 기후나 재배 방법의 미묘한 차이에 의해서도 달라질 수 있으며, 자신들의 커피가 다른 산지보다 양질이라고 어필하고 싶은 생산국의 의도도 섞여있기 때문에 그들의 데이터를 액면 그대로 받아들이기는 어렵다. 맛에 대한 판단 역시 각자의 기호에 따라 달라질 수 있는 문제이니 말이다.

일조량은 광합성 외에 발아 억제에 영향을 미친다. 대부분의 식물은 햇볕이 잘 드는 쪽에서 발아가 잘 되지만, 커피는 강한 햇살 아래서 발아가 억제된다. 따라서 그늘이 낫다.

이러한 성질을 자체적으로 개발하면서 커피나무는 원시림에 적응해 살아남았던 것이다.

커피콩은 '콩'이 아니다

커피콩은 영어로 coffee bean, 직역하면 그대로 커피콩이지만, 대두나 팥과 같은 '콩류'와는 그 구조가 전혀 다르다. 일반적으로 콩류라고 불리는 콩과식물의 종자는 배유가 퇴화 소실돼 있으며, 자엽(쌍엽)에 양분이 축적되는 '무배유종자'이다. 반면 커피콩은 종

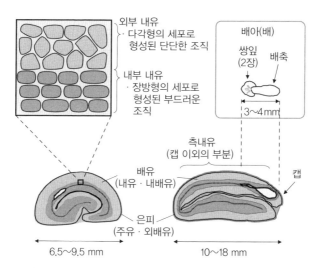

외부 내유
· 다각형의 세포로
  형성된 단단한 조직

내부 내유
· 장방형의 세포로
  형성된 부드러운
  조직

배아(배)

쌍잎
(2장)

배축

3~4mm

측내유
(캡 이외의 부분)

배유
(내유 · 내배유)

캡

은피
(주유 · 외배유)

6.5~9.5 mm

10~18 mm

그림 2-7 커피 생두의 구조

자 대부분이 배유로 구성된 '유배유종자'이다(그림 2-7). 그 증거로
생두를 잘 해부하면, 3밀리미터 정도 배(배아)의 끝에 작은 쌍엽이
붙어있는 게 관찰된다. 생두의 끝부분을 나이프로 조금씩 잘라내
어 배 부분을 확인하고, 거기서부터 잘 떼어내면 관찰할 수 있으니
한번 도전해보기 바란다.

　유배유종자를 식용으로 이용하는 식물은 주로 쌀과 소맥, 옥수
수 등 단자엽 식물이다. 반면 쌍자엽 식물인 콩류, 밤, 호두, 아몬
드, 유채 등은 대부분 무배유종자들이다. 식용 유배유종자는 피마
자유와 면실유를 짜는 피마자와 목화 그리고 커피와 카카오 정도이
다. 이 사실만으로도 커피콩은 아주 이색적인 존재라고 할 수 있다.

　식물의 배유에는 배胚와 함께 부모의 유전자를 둘 다 가진 유형
과 과육처럼 모친 쪽 유전자만을 가진 유형이 있으며 전자를 '내유

內乳' 후자를 '주유周乳'라고 부른다. 내유는 피자식물被子植物처럼 중복수정으로 태어나는 배유세포에서, 주유는 배낭胚囊 주변에 있던 모친 쪽 식물조직 주심珠心에서 각각 유래하는 조직이다. 커피의 경우 생두가 내유, 이를 감싸는 은피가 주유에 해당되며, 종자 전체를 파치멘트가 싸고 있다. 이 때문에 파치멘트를 '종피'라고 부르는 사람도 있지만, 엄밀히 말하면 이는 과육(내과피, 또는 중과피의 일부)이 목화木化한 것일 뿐, 종자의 표층조직이 변화해 만들어진 종피와는 별개이다. 커피콩 본래의 종피는 퇴화 소실되는데, 내유의 표면을 감싼 얇은 왁스층이 그 흔적이라 할 수 있다.

생두를 심으면 싹이 트나요?

오래 전, 내가 개설한 인터넷 게시판에서 "배전하기 전 생두를 땅에 심으면 싹이 트나요?" 라는 질문이 몇 차례 올라온 적이 있다. 간단한 답은 "아니오."이지만, 가끔 드물게 발아하는 경우가 있어서 의외로 복잡한 질문이다. '파치멘트가 벗겨진 생두는 발아하지 않는다'고 답하는 사람도 있었지만, 이 역시 엄밀히 따지고 들면 온전히 맞는 답은 아니다.

적어도 생산지에서 종자를 심을 경우 파치멘트가 없어도 발아가 가능하다. 파치멘트를 깨지 못하면 싹이 나오지 않기 때문에 오히려 실험실에서 인공배양할 때는 일부러 벗겨낸 상태로 발아를 시키기도 한다. 단 수입되는 생두라면 이야기가 다르다. 원래 커피콩은 시간이 지나면 발아 능력이 떨어진다. 아라비카종의 경우 파치멘트가 있는 상태에서도 반년 정도 지나면 발아율이 현저히 낮아져 거의 제로에 가까워진다. 파치멘트를 벗기면 그 직후는 발아율이 높지만, 배胚가 말라버리기 쉬워 가뜩이나 짧은 수명이 더 짧아지는 셈이다. 통상 생두는 수출하기 직전에 파치멘트를 벗기고 곰팡이가 생기지 않도록 수분을 12% 이하로 건조한다. 우리가 쉽게 접하는 생두가 발아하지 않는 이유는 바로 이 때문이다.

파치멘트는 건조를 방지할 뿐만 아니라 다른 환경 스트레스와 병해로부터 내용물을 지키는 역할을 한다. 때문에 커피농원에서도 보통 파치멘트 상태의 종자를 묘판에 심는다. 커피나무는 발아에 시간이 걸려 통상 1~2개월, 기온이 낮으면 3개월쯤 지나야 흙속에서부터 머리를 들어올린다. 콩나물의 모습을 떠올리면 상상하기 쉽다. 단 커피의 싹은 결코 '콩나물 싹'이 아니다. 튼튼한 줄기가 하늘을 향해 곧게 자란다. 이런 모습 때문에 중남미에서는 이 단계를 '포스포로fosforo(성냥)라 부른다. 조금 더 성장하면 파치멘트가 떨어지고 쌍잎이 모습을 드러낸다. 이윽고 본잎도 나와 어린 묘목이 되고 이후 농원에 이식돼 커피나무로 성장하는 것이다.

커피의 잎과 새싹

커피나무 어린 묘목은 원예상가에 가면 쉽게 구할 수 있다. 잘 키우면 꽃과 열매를 맺게 할 수도 있다. 오래 전 브라질에서 '초록의

황금Oro Verde이라 칭송되던 아름다운 광택의 진녹색 잎만으로도 관엽식물로서 충분히 즐길 가치가 있다.

커피나무 잎은 길이 10~15센티미터 정도로 끝이 조금 예리한 선원형이다(그림 2-1). 앞면은 진녹색이며 큐티쿨라층cuticula이 발달해 있어서, 튼튼하고 광택이 난다. 이는 조엽수照葉樹에서 나타나는 특징으로 너무 강한 일사광선을 반사시킴으로써 빛을 차단하는 역할을 한다. 뒷면은 연녹색으로 입맥이 또렷하게 솟아나 있다. 잎의 맥이 갈라지는 부분은 조금 부풀어 있는데, 여기에 드마티아(진드기실)라고 불리는 공간이 있어서 작은 진드기나 미생물이 서식한다. 무해한 진드기와 공생을 통해 다른 병충해로부터 몸을 보호하는 듯하다.

진녹색 이미지가 강한 커피나무 잎이지만 새잎이 막 나올 때의 모습은 많이 다르다. 커피나무는 줄기와 가지 끝에서 새잎이 나는데, 아라비카종에서는 새잎이 브론즈색과 연녹색 등 두 가지 유형으로 나온다. 이는 품종 차이에서 오는 것으로 전자는 티피카계, 후자는 부르봉계 품종으로 구분된다. 어느 쪽의 잎이든 성장하면서 진녹색의 잎으로 변모한다. 이 새잎의 색은 유전적으로는 티피카계가 현성顯性(우성)이어서, 양자를 교배한 하이브리드 품종에서는 브론즈 색에 가깝다. 단 색이 불안정하게 만들어지기 때문에 새잎의 색만으로 품종을 판별하기는 어렵다. 또 에티오피아 야생종 중에서는 빨간 새잎도 발견되었다.

왜 커피나무는 카페인을 만드는가

커피나무의 새잎에는 카페인이 고농도로 함유되어 있다. 잎이 성장하면서 카페인 양은 점차 감소한다. 에티오피아 서남부 일부에서는 커피나무 잎을 차처럼 마시는 풍습이 있다고 한다. 아마도 그들은 새잎을 포함한 잎차가 각성작용을 한다는 사실을 경험을 통해 깨달은 듯하다. 녹차나 홍차 등을 만드는 녹차나무도 새잎만을 따서 말린 차가 인기이지 않은가. 차나무 역시 오래된 잎보다 새잎에 카페인이 많이 들어있다. 그렇다면 커피나무나 차나무는 왜, 무엇 때문에 카페인을 만든 것일까.

커피나무에서 카페인을 가장 많이 함유한 곳은 생두, 즉 종자이다. 사실 카페인은 다른 식물의 생육을 저해하는 작용을 해서, 지면에 떨어진 종자에서 카페인이 녹아내려 주변으로 퍼지면 주변 식물들의 성장을 억제한다. 자신만이 잘 자랄 수 있는 환경을 조성하는 셈이다.

커피나무나 차나무의 새잎에 카페인이 다량 함유된 것을 놓고 일각에서는 아직 부드러운 새잎을 외부의 적으로부터 지키기 위함이라고도 본다. 카페인이 일부 곤충이나 민달팽이, 달팽이들에 대해 독성을 나타내고, 이들을 퇴치하는 효과가 있기 때문이다. 즉 카페인은 외적의 침입으로부터 새잎을 지키기 위해 식물이 만들어내는 화학병기 중 하나라고 볼 수 있다. 단 현재 커피농원에서는 카페인을 많이 함유한 잎과 종자를 먹는 곤충도 발견되며, 차나무에도 독나방의 애벌레 등 잎을 먹는 천적이 많이 존재한다. 이런 곤충은 커피나무나 차나무가 카페인을 만들게 된 이후 카페인을 먹어도 살아남을 수 있도록 적응해온 것으로 보인다.

이러한 천적이 증가한 지금, 커피나무가 카페인을 만든 최초의 목적은 이미 상실했는지도 모른다. 그러나 한편으로 카페인을 만들어내기 때문에 커피나무도 차나무도 사람들에게 기호식품으로 인정받을 수 있었다. 나아가 인위적으로 재배되어 전 세계에 자손을 남길 수 있으니, 이 모든 게 카페인 덕이라 할 수도 있다.

마디가 중요해

커피나무의 잎은 두 장이 한 조를 이뤄 가지에 붙어있다. 이 잎이 붙은 부분을 마디라고 부른다. 마디는 잎뿐 아니라 가지나 꽃이 맺히는 기점으로서도 중요한 장소이다. 두 장의 잎이 각각 붙은 부분을 엽액葉腋(입겨드랑이)이라 부르고, 여기에 액아腋芽(곁눈)라고 불리는 가지와 꽃의 원점의 되는 눈이 생긴다(그림 2-8). 커피나무의 액아는 하나의 엽액에 5~7개씩 옆으로 줄지어 생기지만, 그 중 가지 끝에 가까운 머리 부분 한 개만이 특이하게도 원래 가지에서 수직으로 뻗어 자라는 가지(측지)가 된다. 반면 나머지 액아는 화아花芽(꽃눈) 또는 직립지라는 유형의 가지가 된다. 장차 무엇이 되는지는 일조와 기온에 의한 식물호르몬 변화로 결정될 뿐, 처음부터 정해진 것은 아니다.

기본적으로 커피꽃은 측지의 마디, 그것도 매년 새롭게 자란 가

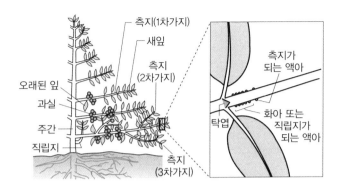

그림 2-8 줄기(좌)와 액아(우)의 모양

지의 마디에 난 꽃눈에서 생긴다. 즉 4년째에 자란 측지의 마디에 5년째 들어 꽃이 피고 열매가 맺히고, 5년째에 새롭게 자란 가지에 6년째 들어 꽃이 피고…, 이렇게 매년 열매가 맺히는 장소가 달라지는 것이다. 이는 한 해 동안 얼마만큼 측지가 자라나서 새로운 마디를 만드느냐에 따라 수확량이 달라진다는 것을 의미한다. 커피 생산량 변동과 밀접하게 연관되는 셈이다. 어느 해에 대량의 꽃이 피면 많은 양분이 열매의 생장에 쓰이기 때문에 그해에 가지의 생장은 억제된다. 그 결과 이듬해에는 열매가 많이 열리지 못해 수확량이 감소하지만, 그만큼 남은 영양분이 새로운 가지로 보내져 이듬해에는 다시금 수확량이 증가하는 식이다. 이 때문에 커피 농사는 풍작과 흉작을 번갈아 반복하는 '격년성'을 띤다. 한 번에 많은 열매를 수확하는 다수확 품종일수록 이러한 경향은 뚜렷하게 나타난다.

또 꽃과 열매가 마디에 붙어서 자란다는 사실은, 마디와 마디의 간격인 절간節間이 짧을수록 열매가 밀집되어 자란다는 것을 의미한다. 실제로 돌연변이종으로 절간이 짧고 가지와 줄기가 짧아 나무 자체가 왜소한 품종에서 이러한 경향이 두드러진다. 나무 키가 작아 수확하기도 편할 뿐더러 측지가 옆으로 더 자라지 않는 만큼 동일한 면적의 밭에 더 많이 심을 수 있기 때문에, 생산성도 향상된다. 이 때문에 많은 생산국에서는 왜소종이 주종을 이룬다.

직립지直立肢는 화아와 같은 액아에서 생겨나 위를 향해 자라는 가지이다. 일명 서커Sucker(빨아먹는 자)라고도 불리는데, 방치하면 주간으로 가야 할 영양분을 빼앗기 때문이다. 따라서 대부분의 산지에서는 전정剪定(cut-back) 시 이를 잘라낸다. 잘라낸 직립지는 삽목이나 접목에 이용 가능하다. 특히 내병성 로부스타를 대목으로 해 아라비카를 접목시키는 방법으로 토양 속 선충線蟲에 의한 병해를 막는 데 이용하기도 한다.

커피꽃이 필 무렵

대부분의 커피농원은 열대에서 아열대의 고지대, 연간 평균기온 15~25℃로 덥지도 춥지도 않은 지역이 이상적이다. 명확히 구분되는 사계절이 없으며, 우기와 건기로만 나뉘는 지역이다. 커피의 꽃눈은 계절에 상관없이 생장을 시작하지만 건기에 만들어진 꽃눈은 4~6밀리미터까지 자라면 휴면에 들어간다. 그리고 우기가 되어 비를 맞기 시작하면 눈을 뜨고, 이로부터 3~10일 후 이른 아침에 개화를 한다. 특히 우기의 첫 비에 의해 많은 꽃들이 일제히 피기 때문에 이 비를 '블러섬 샤워blossom shower'라고 부른다. 실은 휴면 중의 꽃망울이 물에 젖으면 개화를 하기 때문에 분무기로 물을 뿌려줘도 피기는 한다.

비에 의해 개화가 조절되는 특성상 개화 시기나 타이밍은 생산지의 기후에 좌우된다. 우기와 건기가 분명히 나뉜 지역일수록 많은 꽃이 일제히 피고, 그 시기가 분명하지 않은 지역은 개화가 분산적으로 일어난다. 개화하고 6~9개월 후 수확기가 되기 때문에, 우기와 건기가 연 1회인 지역은 수확도 연 1회, 우기와 건기가 연 2회 반복되거나 구분이 명확하지 않은 지역은 각각 연 2회 혹은 1년 내내 수확을 한다.

아라비카종은 하나의 꽃눈에서 통상 2~4개의 꽃이 핀다. 하나의 마디에 좌우 각각 4~6개의 꽃눈이 생기니까 최대 48개 꽃이 필 수 있다는 계산이 나온다. 단 품종이나 다른 조건에 의해 그 수가 달라지기 때문에 실제로는 20개가 채 되지 않는다. 곁눈이 많은 카네포라종에서는 그 배인 20~50개의 꽃이 하나의 마디에 피기도 한

그림 2-9 커피꽃
하나씩 보면 재스민 꽃과 비슷한 모양 및 향기를 뿜는 꽃이, 흰 버드나무처럼 가지 전체를 덮고 있다. 수많은 꽃봉오리가 모여 위를 향해 핀 모습을 보며 현지에서는 '촛불'이라고 부르기도 한다(사진 제공: sweet Maria's Coffee Inc.).

다. 커피꽃은 꽃자루가 짧고 대부분 입자루에 직접 붙어있으며, 많은 꽃이 함께 붙어있는 형상으로 피어난다(그림 2-9).

하나의 가지에 일정한 간격으로 두 장의 잎과 수십 개의 꽃뭉치가 줄지어 있으며, 특히 많이 필 때에는 가지 전체가 하얀 꽃으로 덮이기도 한다. 개화기의 커피농원은 재스민과 같은 달콤한 향으로 가득하며, 산비탈에 있는 농원을 멀리서 바라보면 마치 스키장이 갑자기 생겨난 듯 하얗게 빛나 보이기까지 한다.

수분과 수정

단비에 눈을 뜬 꽃망울들 중 일부는 수술이 성숙해 개화와 동시에 화분을 방출하기도 한다. 나무 한 그루에서 약 250만 개의 화분이 만들어진다. 이는 2만~3만 개의 꽃에 수분이 가능한 양이다. 화분은 바람에 날려 수분하기 적합하도록 작고 가벼우며, 풍향을 타고 100미터 떨어진 나무까지 도달할 수 있다. 꿀벌 등 곤충이 수분에 관여하기도 한다.

암술 끝에 부착된 화분에서는 곧바로 화분관이 자라나 암술의 자루 부분을 향해 간다. 이때 아라비카종 이외에서는 암술과 화분의 유전자형이 일치하면 화분관 성장이 도중에 멈춘다. 반면 아라비카종의 90% 이상에서는 이 '자가수분 방지장치'가 작동하지 않기 때문에 같은 나무의 꽃끼리, 또는 개화 전 같은 꽃자루 안에서(폐화수분) 재빨리 수분을 완료한다.

암술의 자루 부분에는 자라서 열매가 되는 자방(씨방)이 있으며, 그 안에 통상적으로 두 개의 방(자방실)이 있고, 한 개의 방에 하나씩 배주胚珠가 들어있다.

커피꽃은 발생 초기에 장차 암술이 되는 생식기관 심피心皮가 두 개 만들어지고, 거기에서 자라던 두 개의 암술이 발생 중에 하나로 융합한다. 열매 하나에 두 개의 종자가 만들어지는 것은 이 때문이다. 암술의 끝부분이 양 갈래로 나뉘는 것도 이 흔적이다.

배주의 안에는 배낭胚囊이 있어서 그 안에 난세포卵細胞와 중앙세포를 포함한 8핵7세포가 들어있다. 화분관이 배낭에 도달하면 화분에서 두 개의 정세포精細胞가 보내져 각각 난세포, 중앙세포와 수정하게 된다. '중복수정'이라고 불리는 피자식물 특유의 생식양식이다. 이렇게 해서 난세포와 중앙세포에서, 배(2n=44)와 배유(내유, 3n=66)가 각각 생겨난다.

열매와 씨의 생장

커피꽃의 수명은 아라비카종 3일, 카네포라종 6일 정도에 불과하다. 그 사이 수분에 성공하면 꽃자루와 수술이 떨어지면서 끝부분이 아주 조금 부푼 듯한 꽃대만 남는다. 표본을 만들기 위해 곤충을 꽂아두는 핀처럼 생겼다 하여 '핀헤드pin head'라고도 부른다. 수분 후 처음 2개월은 이 상태로 있다가 서서히 끝부분이 부풀기 시작해 2~3개월 지나면 녹색 열매의 모습으로 자라난다. 이 단계에

피베리, 엘레펀트, 쉘빈

통상 커피나무의 열매 안에는 '커피콩'이라 불리는 두 개의 종자가 들어있지만, 예외도 있다.

종자가 생장하는 과정에서 어느 한 쪽이 죽어 남은 한 개만 과일과 같은 형태로 둥글게 자라는 것이다(그림 2-10). 이를 피베리peaberry 또는 환두라고 부른다. 피베리는 가지 끝처럼 영양분이 부족하기 쉬운 부분에서 생기고, 품종에 따라 2~10%로 차이는 있지만 어떤 나무에서든 일정 비율이 발생한다. 커피콩은 출하할 때 전용 채인 스크린에 걸러 크기에 따라 등급을 구분하기도 하는데, 피베리는 통상적 콩인 플랫빈flat bean 즉 평두와 같은 체적이라도 구형을 띄기 때문에 사이즈가 작은 등급으로 분류된다. 커피콩은 일반적으로 알이 클수록 고가에 거래되지만, 피베리는 이런 희소성을 이유로 평두보다 고급품으로 평가받는다. 앞서 기술했듯 영양이 부족한 부분에서 생겨나 자란 콩이지만 두 개분 영양이 한 개로 집중되기 때문에 성분상 평두와 큰 차이가 없는 셈이다.

한편 한 개의 파치먼트 안에 두 개 이상의 종자가 함께 들어서서 성장하는 경우도 있다. 하나의 배주 안에 배낭이 복수로 만들어졌을 때 생길 수 있는 '다배多胚' 현상으로, 두 개분의 종자가 안과 밖으로 겹친 채 커피콩의 형태가 되어 크기 역시 보통의 두 배에 가깝게 성장하기 때문에 '코끼리콩elephant bean'이라고 불린다(그림 2-10). 코끼리콩은 하나씩 해체가 가능해서, 정제나 배전 도중 분리되기도 한다. 바깥쪽 콩은 중앙으로 움푹 패고 완곡하게 굽어있는 모양 때문에 '쉘빈shell bean'이라고 불린다. 한편 안쪽에 자리 잡았던 콩은 '조개살' 또는 '이두ear bean'라고 불리며 평면에 주름이 있고 작고 딱딱한 형상이다.

어느 산지, 어느 품종에서도 비슷한 비율로 이들 예외가 나타나지만 예멘이나 에티오피아 등지의 커피는 다배 비율이 좀 더 높은 경향이 있다. 엘레펀트빈과 쉘빈도 성분적으로는 일반 평두와 그다지 차이가 없다. 하지만 외관이 다르고, 크기나 형상이 고르지 못해 화력이 고르게 전달되지 않는다고 해서 고품질을 지향하는 로스팅 가게에서는 손으로 골라 제거하기도 한다. 반면 예멘에서는 쉘빈만을 모아 고급품으로 별도 판매한다

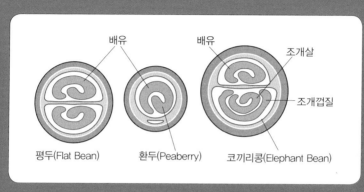

그림 2-10 평두(정상)와 환두, 코끼리콩의 단면과 모식도

고 한다. 불길이 잘 스머드는 특징과 그 형상이 이슬람의 신성한 심벌인 초승달 모양과 닮아있어서인지도 모르겠다.

　이 외에 하나의 열매에 세 개 이상 파치먼트에 둘러싸인 콩이 만들어지는 경우도 있다. 이는 '대화裂化'라는 변이를 일으킨 것으로 복수의 자방이 하나로 융합해 만들어지는 비교적 흔치 않은 현상이다. 이 경우 콩의 모양은 귤을 까놓은 모양이다.

표 2-2 대표적인 품종

	품종명	주요 생산지	특 징
에티오피아 야생종, 반야생종	(에티오피아 모카)	에티오피아	야생 또는 반야생의 나무에서 수확되는 것을 포함함. 품종화되어 있지 않음. 유전적으로 다양한 집단.
	게이샤 (게샤)	중미	감귤류와 같은 특징적인 향으로 주목을 받는 고급품종.
예멘 재배종	(예멘 모카)	예멘	예멘 전역 산악지대에서 전통적으로 재배됨. 우다이니, 다와이리, 토파리, 브라이로 나뉨.
	마타리	예멘	바니마타리족의 토지에서 재배되는 고급품종. 아마도 우다이니와 같은 품종.
티피카 그룹	티피카 (아라비카종 아라비카)	세계 각지, 중미	2대 원종 중 하나. 1723년에 드 크류가 전한 한 그루의 자손.
	코나 티피카	하와이	중미에서 전해진 하와이의 대표 품종. 미국인의 '국산' 커피, 희소가치가 있어서 고가품.
	클래식 수마트라	인도네시아	전후 수마트라 섬 토바호 주변에서 재발견된 티피카종, 소위 '만델린' 본래의 품종이라 함.
부르봉 그룹	부르봉	세계 각지, 브라질	2대 원종 중 하나. 예멘에서 레위니옹 섬(부르봉 섬)에 전해진 한 그루의 자손.
돌연변이종	마라고지페	중남미	티피카가 브라질에서 돌연변이를 일으켜 나무와 열매가 전체적으로 대형화된 것.
	부르봉 포완투 (로리나)	레위니옹섬, 브라질, 뉴칼레도니아	레위니옹 섬에서 자란 부르봉의 돌연변이종. 크리스마스트리와 같은 형상의 나무 형태로, 양끝이 뾰족하고 가는 모양의 콩. 카페인 함량이 보통의 절반. 품질과 희소성 때문에 매우 고가.
	모카(브라질 모카)	브라질, 하와이	부르봉 포완투의 돌연변이종. 아라비카종 중에서 가장 작은 콩. 생산량은 매우 적음.
	아마레로 (옐로)	세계 각지	황실종의 통칭. 과실이 노란색으로 완숙되는 변이종. 브라질에서 발견되어 확산됨.

교배종	문도노보	브라질, 하와이	브라질에서 만들어졌으며, 티피카와 부르봉의 교배종
	프렌치미션 부르봉	케냐, 탄자니아	부르봉과 예멘 모카가 동아프리카에서 자연교배한 고급 품종. 특징은 거의 부르봉이지만, 새잎에 브론즈색이 섞여있음.
	파카마라	중남미	엘살바도르에서 만들어졌고, 왜성의 파카스와 대형의 마라고지페 교배종. 나무는 보통 크기지만 알은 큼.
	하이브리드 티모르(HdT)	인도네시아	동티모르에서 발견된 아라비카와 로부스타의 종간교배종. 모든 유형의 녹병에 내성이 있으며, 20세기 후반에 개발된 내녹병 품종에서 만들어짐.
왜소종	카투라	중남미	부르봉에서 유래한 왜소 돌연변이종
	카티모르	세계 각지	카투라와 HdT교배종의 통칭. 왜소하면서 내녹병성. 1990년대 이후 세계적 육종의 중심.

서 아직 내유는 발달하지 않은 상태이며 자방실은 액상 주유로 가
득 차 있다. 내유와 주유는 각각 자라나서 생두와 실버스킨이 되는
부위로, 막 생겨났을 때의 종자 안쪽은 실버스킨 덩어리에 불과하
고 생두는 나중에 만들어진다.

3~4개월째가 되면 각각의 자방실 안에서 내유가 성장을 시작한
다. 내유는 원래 '하트형 판'의 모습을 한 부드러운 조직이다. 이것
이 반구 상태로 만들어진 자방실 안에서 서서히 자라 반구의 단면
부에 도달하면 좌우에서 안쪽으로 말리는 형상으로 성장을 계속하
게 된다. 이렇게 세로로 한 개의 굵은 골이 생기면서 반구형 커피콩
의 모습이 만들어진다(그림 2-7).

6~7개월째가 되면 내유는 자방실을 가득 채울 만큼 성장해 딱

딱하게 굳기 시작하고 배와 파치멘트도 거의 완성된다. 열매가 크게 부풀고 익어가기 시작하는 것이 바로 이 무렵이다. 특히 많이 열린 마디는 잎이 떨어지고 열매만 빼곡하게 가지를 차지하는 특유의 풍경이 연출된다.

녹색 커피 열매는 성숙할수록 노랗게 변하고, 보름 정도 지나면 다시 붉게 익어간다. 단풍과 같은 원리이다. 커피 열매의 과피는 클로로필chlorophyll(엽록소)과 카로티노이드carotinoid라는 두 종류의 색소를 함유한다. 미성숙할 때에는 클로로필의 양이 많기 때문에 녹색이었다가 익어갈수록 클로로필이 분해되면서 카로티노이드의 색인 노란색이 전면에 나온다. 성장이 더 진행되면 이제는 새롭게 안토시아닌anthocyanin이라는 적색 색소가 과피에서 만들어지면서 붉게 변해가는 것이다. 재배품종 중에는 돌연변이로 안토시아닌이 합성되지 않아 완숙되어도 노란색인 채로 남는 품종인 황실종도 있다.

8~9개월 정도 지나면 과피가 선홍색에서 검붉은색으로 변하고, 과육도 달고 부드럽게 익으면서 농익은 향이 난다. 소위 '완숙'이라 불리는 단계다. 여기서 더 지나면 과피가 검게 변하며 수분이 증발하고 말라가기 시작한다. 이 단계가 과도숙성이다. 겉모습 때문에 종종 '건포도'라고 불리기도 한다. 카네포라종은 아라비카종보다 익어가는 속도가 더디어 9~11개월에 걸쳐 완숙에 이른다.

아라비카종은 완숙되면 낙과하는 성질이 있다. 브라질에서는 이를 이용해 가지를 통째로 흔들거나 나무를 기계로 흔들어 익은 과일만을 떨어뜨린 뒤 지면에 펼쳐진 시트에 모으는 방법으로 수확을 한다. 이 방법은 효율이 좋고 노동력을 줄일 수 있지만 덜 익은 커피콩이 섞여드는 것을 막을 수 없다. 따라서 한 알씩 선별해 익은 것만 골라 수확하는 편이 양질의 커피를 얻는 데 효과적이라고 말하는 이들도 적지 않다.

주요 재배품종과 그 분류

커피나무(아라비카종)에는 적어도 수십 종류의 재배품종이 있으며 (표 2-2), 생산국 별로 각각 몇 종류씩은 주요 품종으로 재배된다. 커피의 경우 생산성의 문제를 중시해온 역사가 있기 때문에 수확성이 높은 왜소 품종과 내병성이 탁월한 하이브리드 품종이 개발되고 재배되며, 와인의 포도 품종 등과 비교하면 품종 차이가 향미에 끼치는 영향은 다소 적다. 그러나 최근에는 스페셜티 커피에 대한 관심이 높아지면서 티피카나 부르봉 등 전통적인 재래 품종과 게이샤나 파카마라 등 향미가 높은 고품질 품종이 주목받고 있다.

제3장

COFFEE SCIENCE

커피의 역사

'커피의 역사'를 이야기할 때 영국의 근대화와 프랑스혁명 등 유럽의 카페(커피하우스)가 사회에 미친 영향을 늘 거론하지만, 이러한 테마는 고바야시 아키오의 저서 《커피하우스》를 비롯해 훌륭한 책들이 이미 다루었다. 따라서 여기서는 조금 다른 커피의 역사를 되짚어본다.

'커피' 이전의 이용법

식물학적 분포를 살펴볼 때 커피나무를 최초로 발견하고 이용하기 시작한 것은, 아라비카종의 원산지 에티오피아 서남부 사람들인 것으로 여겨진다. 교토대학교 후쿠이 가츠요시福井勝義 교수가 실시한 현지조사에 따르면, 그곳에는 '칼리' '티코' 등 부족에 따라 커피를 의미하는 고유어가 따로 존재한다. 종자나 잎을 차처럼 우려 마시고 과육은 볶아서 먹거나, 약으로 먹거나, 구혼할 때 남성이 여성의 부모님에게 선물하는 등 여러 이용법이 있었다고 한다. 언제부터인지 명확하지 않지만 그들이 아주 오래 전부터 커피를 일상적으로 이용해온 것만은 분명하다.

커피에 관해 쓰여진 가장 오래된 문헌은, 10세기 페르시아 의학자 알 라지의 저술을 집대성한 《의학집성醫學集成》(925년)이라고 알려져 있다. 이 책에서 어느 식물의 열매나 종자를 끓여서 만드는 '분' 혹은 '분카'라는 약을 기술하고 있다는 것이다. 또 그로부터 1세기 후 페르시아에서 활약한 의학자 이븐 시나가 저술한 《의학전범醫學典範》(1020년)에도 '분큼' 혹은 '분코'라는, 예멘산 식물로 만드는 '약'이 소개된다. '분'이라는 말은 아라비아어로 커피콩을 의미한다. 따라서 이 저서에 기록된 약이 바로 커피의 원류라고 추정한다. 단 생두를 그대로 끓였을 가능성이 높고, 현대인이 즐겨 마시는 커피와는 많이 달랐을 것이다.

페르시아에 전해진 경위는 분명하지 않지만 사실 에티오피아 서남부에는 9~10세기경부터 에티오피아 북부 기독교도와 홍해 연안의 이슬람 상인들이 진출해 있었고, 현지인들을 붙잡아 노예로 매매하기도 했다. 그 대부분은 아라비아 반도, 그 중에서도 당시 수도의 성곽 건설 노동력이 필요하던 예멘에 팔려나갔다고 한다. 예멘에는 한때 에티오피아 노예 수가 아라비아인을 웃돌았고, 그들이 발전시킨 세계 최초의 흑인 이슬람 왕조(나자후 왕조)가 11~12세기에 정권을 잡았다는 기록도 전한다. 증거는 충분치 않지만 9세기경부터 아라비아 반도에 끌려갔던 에티오피아 서남부 사람들에 의해 커피 관련 지식과 이용법이 전해졌을 가능성이 있다.

당시 아라비아 반도에 커피가 전해졌을 가능성을 뒷받침하는 증거는 하나 더 있다. 1996년, 두바이 북동부에 위치한 크슈라는 유적에서 서기 1100년경의 중국과 예멘제 도자기 조각과 함께 숯이 된 커피콩이 두 알 발견되었다. 연대 측정결과 이 콩은 훗날 어쩌다 떨어져 들어간 게 아니라, 동시대에 석탄화된 것으로 밝혀졌다. 단 이후 수백 년간 커피를 이용한 흔적은 발견되지 않았다.

커피의 발명

이후 커피가 재등장한 것은 15세기 예멘에서 수피라고 불리는 이슬람교 수행자들 사이에 퍼졌던 '카파'라는 음료를 통해서다. 수피는 종파나 지역을 초월해 활동하는 신비주의자들로, 수행 중 트랜스상태(변형된 의식상태)에 빠지는 것으로 신의 정신에 도달한다고 믿었다. 때문에 아편과 대마 등 마약을 계율에 어긋나지 않을 정도까지 흡입하는 일이 흔했다. 카파란 본래 에티오피아 홍해 연안(현재의 지부티Djibouti, 소말리아 일부를 포함)에서 활동하던 수피들이 이용하던 마약으로 '(식욕이나 수면 등의) 욕구를 없애는 것'을 의미한다. 에티오피아에서는 커피뿐 아니라 금제禁制된 백포도주를 포함한 여러 가지 음료를 카파라 부르며 마셨다고 한다.

14~15세기경, 카파는 홍해 건너 예멘으로 전해졌다. 맨 먼저 예멘에 전해진 카파는 백포도주도 커피도 아닌, 에티오피아 고원에서 자생하는 카트khat(차타catha)라는 식물의 잎으로 만든 차였다고 한다. 카트 역시 커피와 같은 각성작용을 하며, 현재 예멘에서는 커피보다 인기 있는 고급 기호식품이다. 지금은 차로 마시기보다 입 안에 침을 고이게 하여 신선한 카트 생잎을 함께 씹는 방법으로 사

교의 장에서 애용된다. 단 카치논Cathinone이라는 각성제가 암페타민amphetamine과 비슷한 성분을 함유하기 때문에 다른 많은 나라에서는 마약으로 규정한다.

카트는 15세기 초 예멘 각지로 확산되었다. 그러나 카트는 고지대에서만 재배할 수 있기 때문에 생약 보존이 어려운 데다 신선하지 않으면 효능이 없어진다. 자연히 재배지에서 멀리 떨어진 곳에서는 카트를 손에 넣을 수가 없었다. 당시 예멘 최대 항구마을이었던 아덴aden 사람들은 이 문제를 두고 그 지역에서 최고 권위를 지닌 법학자이자 박식한 수피였던 자말 알딘 알자브하니Jamal al-Din Al-afghani(게말딘Gemaleddin)에게 상담을 했다. 젊은 시절 에티오피아 홍해 연안에 다녀온 적 있는 그는, 카트 외에 커피나무 열매로 카와를 만들 수 있다는 사실을 알았다. 또 아덴에서 병에 걸렸을 때 에티오피아에서 온 커피를 약으로 복용하며 자신이 몸소 그 각성작용을 체험하기까지 한 터였다. 그는 사람들에게 커피 열매와 씨앗으로 카와를 만들면 된다고 조언한 뒤 스스로 대중 앞에서 커피를 마셔 보이며 이슬람 교리에 어긋나지 않는다는 사실을 공표했다. 대략 15세기 전반에서 중반쯤의 일이라고 알려진 에피소드다. 각성과 흥분 작용을 하는 커피 카와는 이후 최대 수출항이 되는 모카를 비롯해 예멘 전체로 퍼져나갔다. 수피들이 철야를 하며 코란을 낭독하는 수행에 있어 빠질 수 없는 음료가 된 것이다.

당시 커피 카와에는 두 가지 종류가 있었다. 하나는 건조된 과일의 껍질(허스크)만을 끓이는 '기실Qishr'이라는 음료로 예멘에서는 지금도 이 방법이 전해진다. 또 하나가 '분Bunn'이라는 음료로, 지금

마시는 커피의 기원이라고 할 수 있다. 단지 그 당시에는 허스크와 생두를 함께 불에 구워서 끓였기 때문에 지금처럼 생두만 볶아 사용하는 방법과는 달랐다. 그것이 언제 어디서 지금과 같은 커피가 되었는지는 정확히는 알 수 없다. 다만 16세기 시리아와 터키에는 기실과 분 모두가 전해졌다는 기록이 남아있다.

그런가 하면 16세기 말~17세기 초에 중동을 여행했던 유럽인의 기록에 전하는 것은 분뿐이며, 기실을 목격한 정보는 없다. 그 이후 유럽에 전래된 것도 분뿐인데, 껍질을 제거해 커피콩만 사용하는 현대의 스타일은 이러한 전파 과정에서 생겨난 듯하다.

재배와 생산기술의 역사

커피가 세계적으로 확산되면서 당연히 수요가 증가했고, 상업작물로 재배하려는 움직임이 일기 시작했다.

이제 커피 재배의 역사를 살펴볼 차례다.

재배의 시작

커피 재배가 언제 어떻게 시작되었는지, 그 정확한 기원은 알려진 게 없다. 다만 커피 카와가 퍼지면서 15세기 중반경 예멘에서 본격화한 것만은 틀림없다. 예멘에서는 그 당시 커피나무의 후손으로 추정되는 일명 '예멘 재배종'이 아직도 독자적 품종군으로 재배되고 있다.

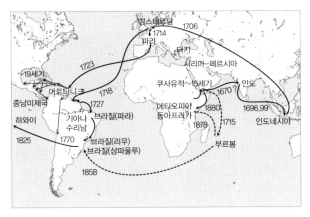

그림 3-1 커피 재배의 전래
아라비카종 전래의 주요 경로만 표시했다. 실선은 티피카, 점선은 부르봉.

15세기 후반~16세기에 걸쳐 커피가 이슬람 문화권에 널리 퍼지면서 생산도 확대되었다. 1538년, 예멘을 지배하던 오스만 제국이 주민들에게 재배를 장려했다는 기록도 남아있다. 오스만 제국은 커피 생산을 독점하기 위해 예멘에서 종자와 묘목을 반출할 수 없도록 금지하기까지 했다. 1636년 예멘 북부 산악지대의 시아파 왕조 라시드가 오스만을 몰아내고 예멘 전역을 장악한 후에도 이러한 방침은 변하지 않았다. 그러나 17~18세기에 두 개의 각각 다른 경로로 예멘에서 반출된 나무가 각각 티피카와 부르봉이라는 2대 품종 그룹으로 전 세계에 퍼져나가기 시작한다(그림 3-1).

티피카의 전래

반출 금지령에도 불구하고 17세기로 접어들면서 몰래 훔쳐낸 나무가 '해양 실크로드'를 경유해 곳곳으로 전해진 듯하다. 예를 들면 인도에는 바바 부단이라는 이슬람 성직자가 모카에서 훔친 7알의 종자를 인도 서부 치카마갈루루Chikkamagalulu 산으로 가져왔다는 전설이 있다. 또 17세기 말에는 훗날 녹병으로 전멸한 '올드 치크Old Chic'라는 품종이 이미 재배되고 있었다.

네덜란드 동인도 회사는 1696년과 1699년, 두 번에 걸쳐 인도 서쪽 연안에서 커피나무를 반출해 인도네시아 자바 섬에 재배하는 데 성공했고, 이후 이곳은 예멘에 이은 커피 산지로 성장한다. 1706년에는 몇 그루의 묘목이 자바 섬에서 네덜란드로 보내진다. 이렇게 예멘-인도-인도네시아-네덜란드로 이어지는 나무 계보에 속하는 품종이 '티피카' 그룹이다.

1714년, 암스테르담 시장은 암스테르담 식물원에서 키우던 어린 나무 한 그루를, 프랑스와의 평화를 약속하는 선물로 루이 14세에게 헌상했다. 이듬해에는 프랑스령 상 드망(아이티)에서 재배가 시도되었지만 실패로 끝나고 만다. 그러던 1723년 프랑스 해군장교 가브리엘 드 크루가 파리 식물원에서 몰래 빼낸 묘목 한 그루를 험한 항해 끝에 카리브 해의 마르티니크 섬에 심으면서 재배에 성공한다. 이 한 그루 나무 자손이 카리브 해에서 중미 일대로 퍼져나가기 시작했다. 그리하며 1750년에는 유럽 항로와 가장 가까운 아이티가 자바 섬을 누르고 세계 커피 생산량의 절반을 차지하는 최대 생산지로 우뚝 선다.

한편 네덜란드는 1718년 남미의 식민지 수리남(네덜란드령 기아나)에서 재배를 시도해 성공에 이르렀다. 그런데 1722년 수리남과 사이가 나빴던 동쪽 이웃국가 프랑스령 기아나가 묘목을 훔쳤고,

악화된 양국 관계를 중재하기 위해 1727년 프랑스령 기아나에서 열린 회의에 참석했던 브라질 대사 프란시스코 드 메료 파레타가 묘목을 몰래 빼내 브라질로 가져갔다.

전하는 이야기에 따르면, 회담 기간 중 대사와 사랑에 빠진 기아나의 프랑스영사 부인이 그가 귀국할 때 묘목 5그루를 숨긴 꽃다발을 보낸 뒤 감시의 눈을 돌려 반출을 도왔다고 한다. 이 묘목이 브라질 북부 파라주에 심겼고, 브라질 최초의 커피나무로 자리잡는다. 이 티피카는 브라질에서 '코문Comum'이라고 불렸다. 1820년대에 접어들자 리우데자네이루 근교에서 대규모 커피 재배가 시작되면서 세계 제1의 커피 대국으로 성장하기에 이른다. 19세기에는 하와이에도 티피카가 옮겨져 '하와이 코나'로서 재배되기 시작한다.

부르봉의 전래

이렇게 보면 티피카의 역사는 밀반입과 도둑질의 연속이다. 이와 대조적으로 '반출 금지령'이 내려진 예멘에서 정당한 수순을 밟아 전해진 것이 부르봉이다.

1712년 프랑스에서 사절단이 예멘을 방문하였을 때, 당시 라시드 왕조의 국왕 알 마후지 무하마드는 중이염으로 병상에 누워있었다. 사절단에 동행했던 의사가 중이염을 고쳐주자 국왕은 프랑스라는 나라에 특별한 호감을 품었다. 이후 커피나무를 갖고 싶다는 프랑스의 부탁을 흔쾌히 받아들여 1715년 안벨이라는 상인 편에 커피 묘목을 보냈다. 한두 그루가 아니었다. '국왕의 호의'라는 이름에 걸맞게 60그루를 한꺼번에 보낸 것이다.

묘목을 실은 배가 향한 곳은 당시 프랑스가 개척 중이던 마다가스카르 동쪽 연안의 신식민지 레위니옹 섬(부르봉 섬)이었다. 가혹한 항해로 인해 섬에 도착했을 때는 묘목 20그루만이 살아남았다. 게다가 기후가 달랐던 탓에 최종적으로 살아남은 것은 단 한 그루뿐이었다. 그러나 이 한 그루에서 자손이 번성해 레위니옹 섬은 프랑스령 최초 커피생산지로서 개가를 올렸다. 그렇게 세를 넓혀 '예멘-레위니옹 섬'이라는 이름으로 전해진 자손들이 바로 부르봉이다.

1858년, 부르봉은 레위니옹 섬에서 당시 브라질 신흥 산지였던 상파울루로 옮겨졌다. 현지 기후와 맞았던 덕에 수확량도 좋았던지라, 부르봉은 단번에 중남미 인기 품종으로 각광을 받기 시작했다. 1877년에는 프랑스 선교사(프렌치미션)가 레위니옹 섬의 부르봉을 동아프리카에도 옮겨다 심었다. 이 나무는 1880년 예멘에서 직접 이입된 예멘 모카와 농장에서 자연 교배를 이루었고, 새잎이 브론즈색인 '프랜치미션 부르봉'이 생겨나기에 이른다. 이것이 현재 탄자니아와 케냐를 대표하는 SL28과 SL34 등 고급 품종의 기원이 된다.

수세식 정제의 발명

19세기 중엽 티피카와 부르봉이 세계 각지로 전해졌지만, 곧바로 생산이 본격화한 것은 아니다. 그 발화점이 된 것은 유럽과 미국에서 일어난 제1차(1820~1830년대, 나폴레옹 전쟁 후), 제2차(1870~1880년대, 1848혁명과 남북전쟁 후) 커피 붐이다. 수요 급증으로 많은 나라가 커피 생산에 뛰어들고 생산성 향상을 위한 기술개발도 활발해졌다.

수세식 정제 발명도 그 중 하나다. 커피는 수분을 많이 함유하는데다 수확이 한꺼번에 집중되기 때문에 상하지 않은 열매를 얼마나 짧은 시간 안에 보존 가능한 생두 상태로 정제하는가가 효율화의 관건이다. 그러나 지면에 펼쳐 자연 건조하는 오래된 건조방식은 습윤한 기후의 카리브 해에서는 맞지 않았다. 시간도 많이 걸리는 데다 수확기에 비가 많이 내려 열매가 썩어버리기 일쑤였다.

이런 상황에서 1845년 자메이카에서 발명된 새로운 정제법이 수세식이다. 건조시간을 단축하려면 물기 많은 과육을 재빨리 제거해야 하는데, 표면에 붙은 점액질이 완전히 제거되지 않아 상하는 것은 매한가지였다. 그래서 과육을 제거한 뒤 수조에 하룻밤 담가 물속 미생물이 점액질을 먹이로 발효·분해시키도록 한 후 물로 깨끗이 씻어 제거하는 방법이다. 물론 대량의 물이 필요하지만 건식으로 일주일 이상 걸리던 공정이 2~3일로 단축되었다. 자연 건조를 위한 넓은 토지도 필요치 않았으며 썩어나가는 생두를 획기적으로 줄여주었다. 특히 1850년 영국에서 펄퍼(과육제거기, 그림 3-2)가 발명되면서 물 사정이 좋지 않은 브라질, 예멘, 에티오피아를 제외한 대부분의 생산지에서 수세식이 도입되었고, 커피 생산량은 급격히 늘어났다.

그림 3-2 1860년경 펄퍼
Ukers 〈All About Coffee〉(1922)에서 인용.

녹병coffee leaf rust pandemic 전염 확산의 충격

19세기 전반, 커피 생산에 뒤늦게 합류한 곳이 인도와 스리랑카(세일론)였다. 하지만 생산이 궤도에 오르자마자 최대의 위협이 닥쳤다. 1867년 '커피 녹병'이라는 새로운 병해가 스리랑카에서 발생한 것이다(그림 3-3).

이 병에 걸리면 이름처럼 잎의 뒷면에 '붉은 녹'이 슨 듯 반점이 생긴다. 붉은 녹은 나무 전체에 퍼져 말려죽일 뿐 아니라 나무 간에 빠르게 전염되었다. 스리랑카에서 처음 이 병이 관찰된 지 몇 년 후 각지의 커피농장에 녹병이 퍼졌다. 1868년 녹병이 발생한 인도에서는 얼마 되지 않는 기간 동안에 나라 전체의 커피나무가 전멸하다시피 하는 타격을 가했다. 1880년 영국에서 스리랑카로 초빙된 식물병리학자 마샬 워드는 이 병이 곰팡이에 의한 전염병이라는 것을 알아냈다. 그는 이 병원체를 커피녹병원균, 헤밀리아 베스타트릭스hemileia vastatrix라고 명명했다. 이 곰팡이와 비슷한 균들을 '녹균류'로 분류한다. 녹균류는 다른 식물에도 여러 종류의 녹병을 일으키지만, 각각 특정 식물에서만 발병하는 경우가 많다. 커피녹병균 역시 커피에서만 발병한다.

붉은 '녹'의 정체는 균의 포자, 특히 여름포자uredospore 때문이다. 포자는 바람을 타고 장거리를 날아갈 수 있으며, 스파이크처럼 뾰족뾰족한 커피잎에 잘 붙어 잎 뒷면 기공으로 침투한 뒤 세포 안으로 잠복해 감염시킨다. 처음에는 증상이 나타나지 않아 육안으로 구분이 되지 않다가 잠복기를 거쳐 영양분을 빨아먹기 시작하면, 나무가 서서히 말라간다. 이즈음 균사가 자라나 끝부분에 대량의

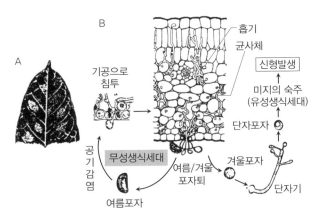

흡기
균사체
신형발생
미지의 숙주
(유성생식세대)
B
기공으로
침투
A
공
기
감
염
무성생식세대
단자포자
여름/겨울
포자퇴
겨울포자
단자기
여름포자

그림 3-3 커피의 녹병
(A) 발병한 잎의 뒷면.
(B) 발병한 잎의 단면도와 커피녹병균의 라이프사이클.
 Ukers 〈All About Coffee〉(1922)를 바탕으로 제작.

포자를 만들고, 잎이 완전히 말라버려 광합성을 할 수 없게 되면서 나무 전체가 말라버리는 것이다.

　이 성가신 곰팡이에 대한 단순한 방제법이 없다고 판단한 워드는, 커피의 모노컬처mono culture(단일경작)를 지양해 병이 만연하는 걸 방지해야 한다는 대안을 제시했다. 그러나 농장주와 판매업자 등이 거세게 반발하자 그는 본국으로 돌아가 버렸다. 이후 한동안 스리랑카는 커피 재배를 단념해야 하는 상황에 처했다. 그러던 1890년, 방치돼 황폐해진 커피농원을 방문한 토마스 립톤 경이 홍차를 재배해보자고 제안해 스리랑카가 홍차 산지로 거듭난 것은 유명한 이야기이다.

　이렇게 스리랑카와 인도의 커피를 파멸시킨 최악의 역병은 1888년, 인도네시아에 도달한다. 당시 인도네시아에는 여러 가지 품종이 시험적으로 재배되었기 때문에 이들 중 녹병에 강한 것을 찾아내는 연구가 지속적으로 행해지고 있었다. 이때 주목을 받은 것이 3원종 중 하나인 리베리카이다. 다만 리베리카는 몇 년 후에 발생한 역병을 이겨내지 못했지만 말이다. 훗날 밝혀진 사실이지만 커피녹병은 신형 변종이 발생하기 쉬우며 현재 알려진 것만 40종류나 된다. 당초 내병성이 있는 것으로 알려진 커피나무도 이후 발생하는 신형 병균에는 속수무책일 수밖에 없는 이유다.

이런 신형 녹병원균이 어떻게 만들어지는지는 아직 정확하게 알려지지 않았다. 녹균류는 통상 라이프사이클 안에서 여름포자에서 크론을 증산하는 무성생식세대와 별도 개체와의 사이에서 자손을 남기는 유성생식세대를 가지고 있으며, 유성생식세대에 신형이 출현한다. 하지만 커피녹병원균에서는 이런 유성세대가 아직 발견되지 않았다. 녹균류는 무성세대와 유성세대에서 서로 다른 숙주에 기생하는 예가 일반적이기 때문에 커피녹병원균류도 커피나무와는 다른, 아직 알려지지 않은 숙주에서 유성세대를 거치는 동안 신형 병균을 만드는 게 아닐까 추측할 뿐이다. 이 수수께끼가 풀리고 많은 균의 생태가 명확히 밝혀지면, 지금까지 커피 관계자들이 골치를 앓아온 최악의 병원체를 무찌를 실마리도 찾게 될 것이다.

로부스타의 발견

이 무렵, 중앙아프리카 콩고에서 조사연구를 실시하던 한 명의 식물학자가 있었다. 벨기에 장부르 농업연구소 교수 에밀 로랜이다. 벨기에의 농예회사에서 자금을 받는 대신, 발견된 식물에 관한 권리를 제공받는 조건부 계약으로 콩고에 부임한 그는 1895년 그곳에서 새로운 커피나무속 식물을 발견한다. 식물을 벨기에로 가져간 그는 자신의 제자 월데만과 원예회사에 각각 나눠주었다. 이 식물이 신종 커피임을 확신한 월데만은 1898년 묘목을 '로랜의 커피나무'라는 뜻의 '로랜티이종'이라고 명명한다.

한편 다른 식물학자에게 검증을 의뢰했던 원예회사 역시 이것이 신종임을 확신한 뒤 '로부스타종'이라고 이름을 지었다. 원예회사가 1901년 인도네시아에서 재배시험을 거친 결과, 이 신종은 모든 유형의 녹병에 내성을 가진 것으로 판명되었다. 게다가 저지대 재배가 가능하고 아라비카종보다 많은 열매가 열리기 때문에 일석이조였다.

식물학자 로랜이 찾아낸 이 신종은 현재 로부스타라는 이름으로 널리 알려져 있다. 학명은 빨리 이름을 붙이는 사람이 임자다. 발견 당시 정식명칭은 로랜티이였지만, 원예회사가 인도네시아에 보낸 나무에는 '로부스타'라는 명찰이 붙어있었다. 이 이름으로 진행한 실험결과가 널리 알려지면서 로부스타라는 명칭이 굳어졌다. 이후 이 나무가 실은 신종이 아니라 1897년 이미 가봉에서 발견되어 '카네포라종'이라고 이름 붙여진 품종과 동일하다는 사실이 확인돼 지금은 이것이 정식적인 학명이 되었다

로부스타는 뛰어난 내병성을 지니지만, 품질 면에서는 뛰어나지 않다. 따라서 인도네시아에서는 아라비카와의 교배가 꾸준히 시도되었다. 그러나 4배체화된 아라비카와 2배체인 로부스타의 교배에서는 종자(커피콩)를 만들 수 없는 3배체 식물밖에 나오지 않아, 육

또 다른 커피의 시작

실은 19세기 말 가봉과 콩코에서 발견되기 40년도 전에 로부스타에 대한 '목격 정보'가 나왔다. 1858년 나일강 원류를 찾아 동아프리카를 탐험하여 탕가니카 호와 빅토리아 호를 발견한 두 명의 영국인, 리처드 버튼과 조 스피크에 의해서다. 그들의 여행기에는 아라비카보다 크고 열매가 많이 열린 커피나무 목격담 및 원주민이 그 열매를 껌처럼 씹어 먹는 '씹는 커피'로 애용하는 점이 기록되었다.

두 사람이 이를 목격한 장소는 빅토리아 호 남서쪽, 현재 탄자니아 서부의 부코바라고 불리는 지방이다. 그곳은 18세기 초에 카라구에라는 왕국이 통치하고 있었으며, 커피나무가 중요한 재산임과 동시에 권위의 상징으로 여겨졌다. 그러므로 족장만이 로부스타 커피 밭을 소유했다.

사람들은 족장의 허가를 받아 자신의 커피나무를 그 밭에 심은 뒤 덜 익은 열매를 수확해 약초와 함께 삶아 천일건조하거나 훈제해 '씹는 커피'로 만들었다. 사람들은 이렇게 만든 씹는 커피를 기호식품과 간식으로 먹거나 선물했다. 또 의형제를 맺는 의식에 서로의 피를 적신 커피콩을 손바닥에 올린 후 입 안에 넣어 그냥 먹기도 하는 등 에티오피아 서남부의 아라비카 커피 이용에 뒤지지 않을 만큼 생활 속에 깊이 파고든 다채로운 이용법을 갖고 있었다. 부코바 지방에 사는 하야족은 지금도 이 '씹는 커피'를 애용한다.

종까지는 이어지지 않았다. 결국 인도네시아는 아라비카 재배를 포기하고 로부스타로 전환했다.

제2차 녹병 판데믹

인도네시아가 '저급한 로부스타'로 고군분투할 때 중남미의 생산자는 '양질의 아라비카'를 고가에 수출하고 있었다. 그러던 1970년, 그들을 공포에 떨게 하는 소식이 날아들었다. 브라질에서 커피녹병이 발생한 것이다. 녹병은 1970년 후반 중남미 각지로 확산되었고 생산자는 스리랑카처럼 커피 생산을 포기하든, 아니면 인도네시아처럼 저품질 로부스타로 갈아 심든 양자택일해야만 하는 궁지에 몰렸다고 생각했다.

그런데 사실 중남미에는 또 하나의 선택지가 있었다. '녹병에 강한 아라비카종으로 갈아 심자'는 아이디어였다. 이를 가능케 한 단초는 시대를 거슬러 올라가 1927년 포르투갈령 동티모르 개인농장에서 발견된 한 그루의 커피나무였다. 포르투갈 녹병연구소CIFC에서 조사한 결과 이 나무는 농원에 혼식했던 아라비카로, 우연히 4배체화된 로부스타 사이에서 태어난 종간 교배종임이 드러났고 '하이브리드 드 티모르HdT(티모르 하이브리드)'라고 이름이 붙여졌다. 품질 면에서 볼 때 아라비카와 로부스타의 중간 정도로 손이 많이 가지도 않으면서 로부스타의 내녹병성을 온전히 지니고 있었다. 게다가 염색체 수가 아라비카와 같은 44개이기 때문에 교배 육종이 가능했다.

그렇게 해서 바로 HdT와 아라비카 간 교배가 이루어졌다. 1959

년, CIFC는 HdT를 아라비카 왜소 품종 카투라caturra 및 비자 사치 Villa Sarchi와 교배해 밀집재배로 수확량을 높일 수 있는 신품종 '카티모르catimor'와 '사치모르Sarchimor'를 탄생시킨다. 중남미 각국은 이들 내녹병성 왜소 품종을 중심으로 육종을 시작했고, 각각의 독자적인 내병 품종을 만들어냈다. 1세대에 3~4년이 걸리는 커피 육종에는 20년이라는 긴 시간이 필요하지만, 1990년대부터 진행된 시도가 결실을 맺어 현재 중남미는 이들 내병 품종을 무기로 녹병과의 전쟁을 무리 없이 치러나가고 있다.

품질과 다양성의 시대

20세기 후반부터 커피 생산국들은 새로운 행보를 보이기 시작했다. 기존 생산성 위주로 재배하던 커피를 고품질·고부가가치 생두 생산 방침으로 전환한 것이다. 그 배경에는 정치·경제적인 요인이 개입되기 때문에 다소 복잡할 수 있지만, 대략적으로 정리하면 다음과 같다.

커피는 앞서 말한 녹병 외에도 서리나 가뭄 등의 피해를 입기 쉽다. 그러므로 가격 변동 폭이 아주 심한, 경제적으로 매우 불안정한 작물이다. 이런 경제적 불안정성은 생산국의 정세 불안으로 이어졌다. 따라서 냉전기간 중에는 특히 중남미의 적화를 두려워한 미국을 중심으로 서방 국가가 일정량을 구매해주는 국제커피협정(1962년)까지 체결할 정도였다. 이것으로 가격은 안정화되었지만, 이제는 품질이 고만고만해졌다. 그러던 1970년대, 미국 커피 관계자 중 일부가 '좀 더 고품질의 커피를' 찾아 스페셜티 커피운동을 일으킨다. 또 냉전 종결 후인 1990년대, 국제커피협정 정지로 인한 생두가격 폭락(제1차 커피위기)을 겪으며 궁지에 몰린 생산국들도 새로운 생존법을 모색해야만 했다. 이들이 소비자의 요구에 맞는 고품질·고가 생두를 만들어내는 것으로 활로를 찾으면서 커피시장은 빠르게 재편되었다.

1997년, 국제커피기구가 몇몇 생산국 및 소비국과 함께 '구루메 Gourmet 커피 가능성 개발 프로젝트'를 가동했다. 또 1999년 소비국의 컵테이스터(커피 품평가)를 브라질로 초대해 브라질 최고의 커피를 결정하는 품평회를 개최했다. 도합 315개의 농원에서 커피를 출품한 가운데 상위 입상한 생두에는 명예로운 '컵 오브 엑셀런스COE'라는 이름을 부여했다. 이 커피들은 인터넷 옥션에서 통상 거래되는 가격의 1.3~2배가 되는 고가에 낙찰이 되었다.

그러자 다른 생산국들도 콘테스트와 옥션을 연달아 개최하기 시작했고, 중소농원 등 일부 생산자가 상위에 입상하기 위해 품종과 정제방법 등을 개선하는 일련의 구루메 커피운동으로 이어졌다. 또 종전까지는 잘 만들어진 커피든 품질이 떨어지는 커피든 함께 섞여 집하되고 정제되는 게 일반적이었지만 이제 농원별, 밭 구역별로 구별해 상품화하는 등 보다 작은 단위로 생산관리를 하는 방식이 도입되었다. 직접거래로 소비자의 요구에 맞춰 정제를 하는 생산자도 증가하는 추세로, 고품질의 다양한 커피를 만들기 위한 생산자의 재배 및 생산기술 실험은 현재 진행형으로 이어지는 상황이다.

배전의 역사

예멘에서 커피 카와가 발명된 후 오랫동안 각 지역들은 서로 다른 요리기구를 활용해 배전과 분쇄, 추출을 해왔다. 예멘에서는 프라이팬 같은 금속제 냄비에 배전해 돌로 만든 사발과 봉으로 분쇄를 했다. 또 터키나 페르시아에서는 바닥에 구멍이 많이 난 프라이팬 같은 조리기구를 커피 배전에 사용한 것으로 보인다.

커피 전용 배전기가 언제 만들어졌는지 정확히 밝혀지지 않았지만, 대략 16~17세기 이슬람권에서 커피하우스가 유행하던 때라고 추정된다. 1650년경 이스탄불에서는 손으로 돌리는 개인용 원통(실린더)형 배전기구가 사용됐다는 기록이 남아있다. 유럽에서는 1666년경 런던에서 엘포드라는 사람이 이를 흉내낸 대형 양철 배전기를 제작했다.

그 후 배전기는 각지에서 다양하게 개량되었다. 그 중 가장 획기적인 것이 1864년 뉴욕의 자베스 번즈가 발명한 '번즈식 배전기'이다(그림 3-4). 이 기구의 가장 획기적인 점은 실린더 한 끝에 개폐 가능한 뚜껑을 단 것이다. 겨우 그것? 하고 실망할지 모르지만, 이것이야말로 '콜럼부스의 달걀'에 다름 아니었다. 당시 주류를 이루던 배전기는 배전이 끝나면 두 사람이 실린더를 화덕에서 꺼내 내용물을 꺼낸 뒤 계속해서 배전할 경우 다시 안에 생두를 넣어 화덕에 올려놓아야 했다. 그러나 번즈는 화덕 위에 올려둔 채 뚜껑을 열어 배전된 콩을 재빨리 꺼낸 뒤 배전장치 위에 붙은 투입구로 새로운 생두를 넣어 연속배전을 가능케 했다. 이 같은 연속배전 시스

그림 3-4 번즈식 배전기
Ukers 〈All About Coffee〉(1922)에서 인용.

템에 힘입어 배전 작업의 효율성이 높아지고, 미국의 거대한 커피회사가 탄생하는 계기로 작용했다. 이것이 현재로 이어지는 드럼식 배전기의 직계 선조가 된다.

이를 이은 큰 발명은 '유동상Fluid Bed Roaster'이라고 불리는 방식이다. 여러 커피회사에서 활약한 미국인 화학기사 마이클 시베트가 1976년에 고안한 방식으로, 생두가 날릴 정도로 강한 열풍을 장치 안에 불어넣어 교반(휘저어 섞음)과 가열을 동시에 진행할 수 있다.

추출기술의 역사

끓임식에서 침지식으로

예멘에서 카와가 발명된 15~17세기경은 분쇄된 분이나 기실을 물과 함께 용기에 넣어 불로 끓이는 '끓임식'이 유일한 추출법이었다. 17세기 중반이 되면서 터키에서는 제즈베(이브릭), 아랍에는 달라dallah라고 불리는 전용 커피포트가 고안되었고 이슬람권 커피하우스에서는 이것들을 사용해 여러 잔을 한꺼번에 추출하는 게 일반화되었다. 유럽도 초기에는 이와 비슷한 방식을 사용했지만, 커피하우스와 카페가 크게 유행하면서 많은 손님이 모이자 미리 추출해 놓는 가게들이 생겨났다. 그러나 얼마 지나지 않아 장시간 끓이면 향미가 열화된다는 사실이 드러났고, 18세기 이후 유럽에서는 이를 방지하기 위한 궁리가 이어졌다.

이후 최초로 고안된 추출기는 커피를 끓이는 대신 끓인 물을 부어 우려내는 '침지식浸漬式'이었다. 1710년경 프랑스에서 처음 도입된 방식으로, 커피가루를 넣은 천에 끓인 물을 부어 추출해낸 게 최초라고 알려져 있다. 1760년경에는 프랑스에서 이 침지식이 주류로 자리잡았다. 그 결과 개발된 대표적인 기구가 1763년 양철장인 돈말탄이 고안한 '돈말탄의 포트'이다. 천으로 만든 긴 여과주머니에 금속 링을 붙여 부리에 붙은 포트 뚜껑에 건 뒤 주머니에 넣은 가루의 위에서부터 끓인 물을 붓는 방식이었다. 거름주머니 형상 때문에 '삭스 커피socks coffee'라고도 불리었다. 융 드립 같은 투과추출로 시작하지만 포트 안에 커피 액이 차오르면 가루주머니가 물에 잠기고, 결국 침지식 추출이 되어버린다. 이 용기가 훗날 투과식 개발의 힌트를 준다.

19세기 유럽과 추출기구 붐

19세기로 접어들면서 유럽인들의 관심은 '어떻게 추출하면 커피를 더 맛있게 마실까'로 향했다. 그런 궁리 끝에 나온 것이 '투과식' 추출법이다. 그 시초는 파리성당 대주교 장 밥티스트 드 벨로와가 1800년경에 고안한 '드 벨로와 포트'다(그림 3-5). 커피포트 상부에 작은 구멍이 뚫린 여과기를 부착시킨 금속 또는 도자기제 기구이다.

그 후 1806년에 아드로라는 이름의 프랑스인과 미국에서 망명한 과학자 랜포드 벤자민 톰슨이 이를 개량해 특허를 낸 기구가 있다. '프랜치 드립 포트'라고 부르는 이 기구는《미식예찬》을 저술한 미식가 브리아 사바랭과 매일 50잔 이상의

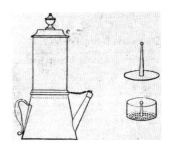

그림 3-5 드 벨로와 포트
Ukers 〈All About Coffee〉(1922) 에서 인용.

커피를 마신 것으로 유명한 대문호 발자크로부터 '최고의 추출방식'이라고 평가를 받으며 프랑스에서는 투과식 추출이 주류로 자리잡았다. 한편 영국에서는 비긴이라는 인물이 1817년에 고안한, 돈말탄의 포트와 유사하게 침지식 요소가 강한 추출기구(커피비긴)가 주류였다.

1820~1830년대 나폴레옹에 의한 대륙 봉쇄가 끝나고 생두 수입이 재개되면서 유럽에 커피붐이 일기 시작했다. 더불어 여러 가지 커피기구가 잇따라 발명되었다. 증기압을 이용해 끓인 물을 상하투과시키는 모카포트 방식의 원형(1819년 프랑스), 더블 풍선형의 커피사이폰(1830년대 독일) 등 현재까지 사용하는 추출기구 대부분의 원형이 이 시대에 첫선을 보였다.

신기술과 20세기 초의 미국, 이탈리아

19세기 말의 과학기술 발전은 추출기구 개발에도 큰 영향을 미쳤다. 독일 과학자 오트 쇼트에 의한 내열유리 개발로 그때까지 금속과 도자기 위주였던 커피기구에 유리 제품이 더해졌다. 20세

기 초에는 미국에서 유럽의 특허를 재탕해 많은 특허를 취득하면서 랜포드의 포트를 개량한 순환식 퍼콜레이터(1889년)나 지금의 융 드립 용기와 거의 비슷한 메이크라이트 필터(1911년), 내열유리제 커피사이폰(1915년)이 나와 1910~1920년대 유행을 이끌었다. 1920~1930년대에는 이들이 일본으로 전래된다.

이즈음 이탈리아에서 발명된 것이 에스프레소 머신이다. 1884년 토리노의 발명가 안젤로 모리온드가 고안해 국내 박람회에서 발표한 것이 최초라고 알려져 있다. 1901년에는 밀라노의 루이지 베제라가 이를 개량하였고, 그의 특허를 매입한 파바니라는 회사가 다음해 밀라노박람회에서 신제품을 선보였다. 아주 짧은 시간에 추출되는 농후한 커피엑기스는 이후 이탈리아를 상징하는 음료로서, 바Bar(서서 마실 수 있는 카페)에 보급되었다. 1922년에는 비알레띠 사에서 '모카 엑스프레스'(모카포트)가 발매되어 '이탈리아 가정의 맛'으로 히트를 쳤다. 1930년경에는 이탈리아에서 내열유리 커피프레스도 제작되었다. 한편 독일에서는 멜리타 벤츠 부인이 일회용 종이 필터를 사용하는 페이퍼 드립(1908년)을 발명했다.

제2차 세계대전 후의 변천

제2차 세계대전이 발발하면서 커피를 둘러싼 상황은 급변해 각국은 생두를 입수하기 곤란한 상황에 빠진다. 당시 커피콩을 입수하기 가장 용이했던 미국조차 대부분 전선으로 보내지는 바람에 민간에서는 구하기가 수월하지 않았다. 고육지책으로 소량의 콩으로도 커피를 추출할 수 있는 방법이 권장되었다. 이것이 묽은 '아메리칸 커피'가 널리 확산된 이유이다. 또 조금이라도 진하게 추출하기 위해 한 번 투과한 커피액을 여러 번 가루에 다시 붓는 순환식 퍼콜레이터가 유행하기도 했다. 장시간 가열하는 방법이므로 당연히 향미는 '희생'되었다.

종전 이후인 1954년 독일에서 전자동 커피메이커 '위고멧'이 개발되어, 1970년대에는 가정과 사무실에도 보급될 만큼 인기를 모았다. 한편 이탈리아에서는 1948년 가찌아사가 피스톤 레버 방식의 에스프레소 머신을 개발했다. 이로써 고압추출이 가능해졌고 독특한 거품이 표면을 덮는, 일명 크레마라는 현재의 에스프레소가 세상에 나왔다. 1960년대에는 전동 펌프식 에스프레소 머신도 개발되어 자동화가 이루어졌다.

1980년대로 접어들자 스타벅스를 비롯해 미국의 시애틀계 카페가 에스프레소를 주력으로 하여 전 세계적으로 세를 확장해 나갔다. 프랑스에서는 1950년~1960년대에 커피프레스가 대유행해서 '프랜치프레스'라고 불릴 정도였다.

일본에서는 세계대전 이후 일시적으로 퍼콜레이터가 보급되었지만, 일부 커피점과 애호가가 전쟁 이전의 커피 문화를 다시 살리려는 노력을 펼쳤다. 그 결과 1970년~1980년대에는 융 드립과 사이폰 등 다른 나라에서는 이미 버려진 추출기술이 연마되었다. 이는 일본 특유의 문화라고 불리는 영역으로까지 발전해 2000년대 이후 '재발견'되며 세계에서 다시금 주목받기에 이르렀다

그 외 관련 기술의 역사

대용 커피와 카페인의 발견

모순되는 이야기로 들릴지 모르지만 커피 관련 기술들 중 처음에 가장 관심을 모은 것은 '고가의 커피콩을 사용하지 않고 커피를 만드는' 대용 커피였다. 18세기 후반, 증가하는 커피 소비로 국고 유출을 우려한 프로이센 왕 프리드리히 2세가 수입을 규제하고 커피 금지령을 선포했을 때, 치커리와 대맥 등으로 만든 대용 커피를 만들어낸 게 그 시초다. 1806년 나폴레옹이 영국 경제 봉쇄를 노려 대륙봉쇄령을 명한 후 유럽 전역이 커피 부족에 시달릴 때에도 대용 커피가 활발하게 만들어졌다. 그러나 향미는 어느 정도 비슷하게 흉내내더라도 커피와 같은 각성 작용을 하는 음료는 찾을 수가 없었다. 나폴레옹 실각 후 1819년 독일 화학자 프리드리히 룽게가 대문호 괴테가 몰래 가지고 있던 모카 원두에서 각성작용을 하는 본체를 분리하는 데 성공했다. 이것이 카페인의 발견이다.

19세기 말에는 대용 커피가 다른 형태로 이용되기 시작했다. 1895년 C.W 포스트라는 인물이 켈로그 박사의 요양소에서 본 '캐러멜 커피'에서 힌트를 얻어 곡물을 원료로 한 '포스텀Postum'이라는 대용 커피를 발매한다. '카페인은 신경질의 원인'이라는 자극적인 네거티브 캠페인으로 화제를 불러일으킨 포스트는 순식간에 억만 장자 대열에 올라섰다. 이후 대용 커피가 보급되는 한편 '카페인 해악설'이 사회에 깊게 뿌리를 내린다.

무카페인 커피

이 같은 '카페인 해악설'을 등에 업고 태어난 것이 무카페인 커피이다. 커피에서 카페인을 제거하는 기술은 독일의 커피 상인 루드비히 로제리우스가 우연히 발견했다. 어느 해, 그가 수송하던 생두가 사고로 바다에 빠졌다. 바닷물에 젖은 콩을 버리기에는 아까워 시험적으로 볶아보니 향미는 그다지 빠지지 않은 것 같은데 카페인만이 완전히 제거된 사실을 알아챘다. 연구를 거듭한 그는 1930년 생두를 염수에 담근 후 벤젠에 여러 차례 씻어서 카페인을 제거하는 방법을 고안해냈다. 이후 벤젠 잔류 독성 문제가 불거졌고, 현재는 디클로로메탄Dichloromethane 등 저불점 유기용매에 생두를 담가 카페인을 추출한 후 가열해 용매를 완전히 날리는 방법(케미컬 프로세스, 직접법)이 이용된다.

이 방법으로 거의 완전하게 유기용매를 제거할 수는 있지만 안전성에 불안을 느끼는 사람들도 있다. 그래서 1933년 스위스에서 개발된 것이 물추출법이다. 단 단순히 물에만 추출하면 카페인 이외 성분도 빠져나가 향미가 약해진다. 궁리 끝에 생두에서 추출한 물에서 디클로로메탄으로 카페인을 선택추출한 뒤 물에 남은 성분을 생두에 되돌리는 방법(스위스 워터프로세스, 간접법)이 고안되었고, 1980년대부터 미국에서 '보다 안전한 카페인 제거법'으로 널리 보급되었다. 현재 '물을 생두에 통과시킨 후 카페인을 제거'하는 조작을 반복하여 카페인 이외 성분으로 포화된 물로 추출하는 순환식 탈카페인법도 개발되었다.

또 1978년에는 네슬레가 초임계이산화탄소를 이용한 탈카페인법을 개발했다. 이산화탄소를 비롯한 기체에 높은 압력을 주면 액화되는데, 일정한 온도와 압력(임계점)을 넘으면 '초임계유체'라 하여, 기체의 확산성과 액체의 용해성을 함께 지닌 신기한 상태로 변화한다. 이 초임계 상태의 탄산가스로 생두를 처리하면 카페인을 선택성 좋게 제거할 수 있다. 게다가 상온상압으로 되돌리면 기체로 돌아오기 때문에 잔류 독성이나 폐액 처리에 대한 걱정도 없다. 물론 그에 따른 제조설비가 필요하지만 대형 커피회사들이 이 방식을 즐겨 채택한다.

또 원래부터 카페인을 함유하지 않은 커피나무 찾기와 육종도 이루어지고 있다. 오래 전부터 주목받았던 마스카렌 제도에 자생하는 '마스카로코페아Mascaro-coffea'라는 종 그룹과 2008년 카메룬에서 발견된 카페인을 함유하지 않은 차리에리아나charrieriana, 저카페인 품종인 로리나Laurina(별명 부르봉포안투)와 유게니오이데스eugenioides 등이 대표적이다. 그 외에 세계 최초로 커피 카페인 합성 유전자를 발견한 일본 나라첨단대학교 사노 히로시 교수가 유전자 합성에 의한 저카페인 커피나무를 만들어내는 등 향후 더욱 주목받는 분야가 될 듯하다.

인스턴트 커피

'언제 어디서든 마시고 싶을 때 손쉽게 마실 수 있는 커피'도 많은 사람들이 몰두해온 테마로, 그 성과 중 하나가 인스턴트 커피이다. 최초의 발명자가 누군지에 대해서는 이야기가 분분하다. 다만 미국 최초의 특허는 시카고 주재 일본인 화학자 가토 사토리가 1903

년에 취득했지만 실용화되지 못했고, 그 이전의 특허 기록도 여러 나라에서 발견되었다. 인스턴트 커피를 본격적으로 실용화한 주인 공은 과테말라 주재 벨기에인 조지 워싱턴이다. 그는 1906년 미국에서 특허를 취득했고, 제1차 세계대전 중 유럽에 부임하는 미국 병사들에게 그의 커피가 지급되었다. 예의상으로라도 맛있다고 말할 수 없을 정도로 형편없는 맛이었지만 전쟁터에서 손쉽게 따뜻한 커피를 마실 수 있다는 사실만으로도 애용됐다고 한다.

그 후 1929년 브라질 커피버블 붕괴와 세계대공황으로 커피가격이 폭락했을 때 브라질 정부가 네슬레에 의뢰해 남아도는 커피를 활용한 제품 개발에 착수했다. 그로부터 8년이라는 시간이 걸려 완성된 것이 바로 네스카페이다. 커피 추출액을 스프레이 상태로 분무하면서 가열 건조시키는 '스프레이 드라이 방식'으로 제조된 이 인스턴트 커피는 기존 커피보다도 뛰어난 향미로 대히트했고, 다른 제조사들도 잇따라 동일한 제조 방법을 차용했다. 1960년대에는 향미 손실이 더욱 적은 동결건조 방식 인스턴트 커피가 미국에서 개발돼 폭넓은 사랑을 받았다.

캔커피

인스턴트 커피와 함께 '언제라도 마시고 싶을 때 손쉽게 마실 수 있는 것'이 캔커피이다. 인스턴트처럼 최초 발명자가 누구인지에 대해 여러 가지 설이 나돌고 미국에서 먼저 특허를 취득한 기록도 있지만, 본격적으로 실용화한 것이 일본인이라는 사실만은 분명하다. 일본 최초의 캔커피는 시마네현 '요시타케 커피'의 미우라 요시

타케가 1965년에 개발한 '미라코히'라고 알려져 있다. 단 간사이를 중심으로 3년 정도만 판매되었을 뿐, 전국적으로 보급된 것은 1969년 UCC가 독자적으로 개발한 밀크 인 캔커피였다.

일본에서 캔커피 보급에 지대한 역할을 한 것은 바로 자동판매기였다. 일본만큼 거리에 자판기가 많은 나라도 없으니, 이는 건물 밖에 돈이나 상품을 두어도 도난당하지 않는 좋은 치안 덕분이라고 할 수 있다. 냉장과 보온 기능을 갖춘 자판기가 여기저기 설치되고, 게다가 저렴한 가격에 맛있는 커피를 마실 수 있다는 점은 다시 생각해봐도 매우 '사치스러운' 호사라고 여겨진다. 최근에는 편의점에 밀리는 듯한 경향도 있지만 '일본에서 성장한' 문화의 하나라고 할 수 있는 캔커피가 더 발전했으면 좋겠다.

제4장

COFFEE SCIENCE

커피의 '맛'

친구나 지인들과 "최근 커피에 빠져서…,"라는 대화를 나누다가 "어떤 커피가 제일 맛있느냐"는 질문을 받은 적이 있는가. 가볍게 묻고 답하는 질문이지만, 곰곰이 생각해보면 '커피의 맛있음'이란 대체 무엇일까 궁금해질 수밖에 없다.

이 장에서는 바로 그 부분을 깊이 다뤄보도록 한다.

'맛있음'을 과학하다

'맛있다, 맛없다'는 커피뿐만 아니라 모든 음식 및 음료에 공통적으로 적용되는 개념이다. 자, 먼저 음식물 전반의 '맛있음'의 구조에 대해 생각해보자.

우리가 느끼는 '맛있음'의 중심이 되는 것은 '맛'이다. 이를 느끼기 위해 발달한 고유의 감각이 '미각'이다. 미각은 구강 내 화학물질을 식별하고 감지하는 센서 역할을 하며, 그 정보는 미신경(미각신경)이라는 전용 신경을 거쳐 뇌에 전달된다.

사람이 느끼는 맛 즉 미질味質에는 단맛, 쓴맛, 짠맛, 신맛, 감칠맛(우마미) 등 5종류의 기본 맛이 있다. 이 중에서 사람은 단맛과 감칠맛을 '맛있는 맛'으로 인지한다. 단맛은 당류, 감칠맛은 아미노산과 단백질의 맛이다. 때문에 자연계에서는 이 맛이 진한 것을 먹으면 효과적으로 영양을 섭취할 수 있다고 간주된다. 한편 신맛은 부패한 음식이나 덜 익은 과일, 쓴맛은 독이 있는 식물에 함유된 알칼로이드 등의 자연 독에서 느껴지는 '불쾌한 맛'이다. 특히 쓴맛은 아주 적은 양일지라도 예민하게 감지되는 속성을 지닌다. 이렇듯 불쾌한 맛을 기피하는 것은 인체에 유독한 물질을 자연적으로 피할 수 있도록 우리 인체의 감각이 진화됐기 때문이다.

한편 짠맛은 적당할 경우 맛있게 느껴지지만, 바닷물처럼 진한 농도일 때는 불쾌한 맛으로 기피된다. 따라서 우리는 본능적으로 염분과 미네랄을 적당한 양으로 섭취할 수가 있다.

이처럼 미각은 자연계에 존재하는 여러 요소 중 무엇을 먹고 먹지 말아야 할지 잘 선택하도록 진화한 감각이다.

이 외에 좁은 의미의 '미각'에는 포함되지 않는 매운 맛과 떫은 맛도 넓은 의미에서는 맛에 포함된다. 또 미신경 이외의 통로로 전달되는 통각과 냉온각에 가까운 감각자극도 있다. 게다가 미질뿐만 아니라 미물질의 농도와 지속시간, 구성요소의 복잡함도 사람이 느끼는 맛에 무시못할 영향을 미쳐서, 바디감과 깔끔함 같은 감각을 좌우하기도 한다.

기본적인 다섯 가지 미각에 이렇듯 복잡한 요소가 가미되어 '맛'이 형성되는 것이다. 또 종합적인 '맛있음'에는 맛 이외 요소도 중요하게 작용한다. 특히 맛, 향, 텍스처(식감, 감촉)는 '맛있음의 3요소'라고도 불릴 정도로, 이 세 가지가 어우러진 '풍미'가 맛의 핵심

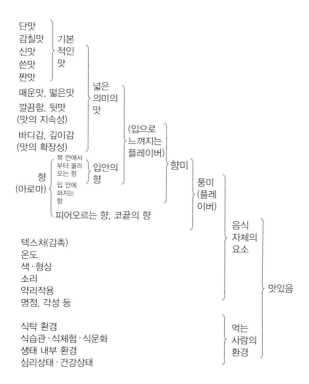

그림 4-1 음식의 '맛있음'을 느끼는 구조. 토도코키요시《감성바이오센서 : 미각과 후각의 과학》(아사쿠라 출판, 2001년)을 바탕으로 재구성.

이라 할 수 있다. 그 외에 식품의 색과 형상 등 시각, 저작음(씹는 소리) 같은 청각정보, 누구와 어디서 먹는가 하는 상황 역시 맛있음을 좌우한다(그림 4-1). 그러니까 '맛있음'이란 미각을 중심에 두고 여러 가지 감각과 정보가 어우러져 복합적으로 만들어내는 결과물인 셈이다.

'커피의 맛있음' 주역들

그러면, 커피의 경우는 어떨까. 설탕과 밀크를 넣을지 말지에 따라서도 많이 달라지겠지만, 이야기를 단순화하기 위해 여기서는 블랙커피에 한정지어 생각해보자. 복합적이고 주관적인 감각인 '맛있음'은 분석이 어렵지만 이를 다른 사람에게 전달할 때 표현하는 '맛의 용어'에서 그 힌트를 얻을 수 있다.

일본에서 사용되는 '커피 맛의 용어'를 일반 소비자의 인지도 순으로 나열하면(표 4-1) 막 볶은 고소한 향과, 자극적이지 않고 부드러우며 산뜻한 쓴맛, 깊이 있는 맛 등의 어휘가 상위에 오른다. 특히 '진하고 깊이 있는' '고소함'은, 일본인이 주로 사용하는 맛 표현 중에서 맛있음을 느낄 때 쓰는 용어 Top3에 드는 말이다(표 4-2). 이는 현재 일본에서 '커피는 맛있다'라고 인식하는 것을 증명하는 하나의 증거로 볼 수 있다.

'커피 맛 용어'에서 주역은 뭐니뭐니 해도 '잘 볶아진' '고소한' 향일 것이다. 단 상위에 드는 '향' 계통 용어는 이 두 가지뿐이며, 그외 표현(단향이나 프루티함 등)을 사용하는 사람은 많지 않다. 한편 '맛' 계통에 관한 커피 맛 용어에서 대표적인 것은 역시 쓴맛에 관한 말이다. '생리적으로 기피되는 맛'이라고 할 정도로 '쓴' 것은 맛있음과 거리가 멀지만, 커피에서는 '부드러운' '산뜻한'이라는 말과 어울려 쓴맛조차 맛있게 느끼는 언어로 사용된다.

신맛에 관한 표현도 쓴맛 다음으로 많고, 이 역시 '순하고 부드러운' '산뜻한'이라는 수식어와 붙어 긍정적인 느낌으로 받아들여진

표 4-1 커피의 맛 용어

맛 용어	분류	소비자 인지도 (%)	맛 용어	분류	소비자 인지도 (%)*
막 볶은	향	90.0	맛의 강함	전체의 인상	60.0
부드러운 쓴맛	맛	87.4	산미	맛	57.8
깊이가 있는	맛	86.8	날카로운	전체의 인상	56.8
고소한	향	85.2	날카로운 산미	맛	54.8
깔끔한 쓴맛	맛	84.4	혀의 감촉이 좋은	혀의 감촉	54.0
마일드한	전체의 인상	74.4	매끄러운	혀의 감촉	53.8
쓴맛	맛	73.8	부드러운	전체의 인상	52.2
순한 산미	맛	73.6	쓴맛이 뒤에 남는	맛	51.4
향이 좋은	전체의 인상	71.8	개운한	전체의 인상	51.0
깔끔한 산미	맛	70.4	입안에 퍼지는 산미	맛	50.4
순한	전체의 인상	70.4	(이하는 발췌)		
풍부한	전체의 인상	69.8	탄	향	40.4
산뜻한 산미	맛	69.4	쓰고 떫은	맛	38.0
개운한	전체의 인상	68.8	떫은맛이 뒤에 남는	맛	36.0
밸런스가 좋은	전체의 인상	68.2	단	향	27.8
날카로운 쓴맛	맛	68.0	단맛이 뒤에 남는	맛	26.6
쨍한	전체의 인상	66.4	단맛	맛	25.0
알싸한	전체의 인상	65.4	프루티한	향	11.8
떫은맛	맛	61.0	짠맛	맛	1.8

하야가와(2010)에서 발췌하여 인용.
*각각의 용어를 '커피 향미를 표현하는 언어라고 생각한다'고 대답한 일반 소비자의 비율.

다. 떫은맛도 많은 사람들이 잘 느끼는 맛이지만 수식 표현은 많지
않고 그다지 좋은 맛으로 인식하고 있지 않은 듯하다.

그 외에 단맛이 있는데, 일반 인지도는 20% 정도이다. 또 짠맛,

표 4-2 맛있음을 느끼는 용어

순위 (86개중)		맛있겠다고 느낀다(A)	느끼지 않는다(B)	점수
1	감칠맛(우마미)이 있는	38.3	1.2	37.1
2	고소한	36.6	0.5	36.1
3	깊이가 느껴지는	35.2	1.1	34.1
4	진한 맛	33.8	3.9	29.9
5	좋은 맛	33.1	1.3	31.8
6	풍미가 좋은	32.2	0.7	31.5
7	순한	31.3	1	30.3
8	깊이 있는	31.2	0.9	30.3
9	맛이 깊은	29.4	0.4	29
10	계속 먹게 되는	29.4	1.8	27.6
(이하 커피의 맛 용어에서 쓰이는 것을 발췌)				
11	프루티	29.4	2.4	27
21	향이 좋은	24.1	1.5	22.6
22	뒷맛이 깔끔한	23.7	0.3	23.4
23	풍부한	23.2	2.4	20.8
24	개운한	22.1	1.1	21
27	상큼한	21.7	0.4	21.3
29	마일드한	21.4	1.4	20
33	달콤한	18.8	5.2	13.6
35	깔끔한	18.4	0.9	17.5
46	알싸한	14.1	2.3	11.8
49	달콤한 향기	13	3.4	9.6
57	비터(쓴)	11.4	8.2	3.2
67	은은하게 쌉싸름한	8.2	11.4	−3.2
71	산미가 있는	6.8	10.9	−4.1
72	신	6.3	16.9	−10.6
85	떫은	2.2	31	−28.8
86	쓴	1.3	41.5	−40.2

〈맛있음을 느끼는 용어 sizzle word 2014〉(BMFT, 2014)에서 발췌하여 인용(이하 발췌).

감칠맛, 매운맛을 드는 사람도 거의 없다. '맛의 3요소' 중의 하나인 텍스처도 향이나 맛만큼은 중시되지 않는 듯하다. 액체이기 때문에 고형물에 비해 식감의 영향이 적기 때문일지도 모른다. 반면 맛의 복합성에서 오는 '깊이'와 '마일드함' '향이 높은' '순한' 등 전체적인 인상을 나타내는 표현은 매우 풍부하다. 요약하면, '맛있는 커피의 맛'이란 '고소함과 쓴맛을 중심으로 산미와 그 외 여러 요소가 혼연일체가 되어 만들어지는 복합적인 맛'이라 할 수 있겠다.

쓰이는 곳이 달라지면 '맛의 언어'도 달라진다

그렇다면 해외는 어떨까. 가령 영국의 일반 소비자들 사이에서 맛은 '쓴맛', 향은 '연기향 같은' '탄' '초콜릿 같은' 등의 순으로 사용 빈도가 높았다는 자료가 있다(표4-3). 일본보다 향에 관한 표현이 구체적이다. 다만 '고소한 향'이라는 말은 한국과 일본에서나 사용하며 다른 언어에는 딱 맞아떨어지는 번역이 없다. 유럽 등지에서는 특히 커피 향을 다른 것들에 비유해 표현한다. 바꿔 말하면, 우리가 '고소하다'는 한 단어로 전달할 수가 있기 때문에 그 외 표현이 적은 것일 수도 있다. 또 '순한 쓴맛' '산뜻한 산미' 등 미질에 관한 수식어가 많은 것도 일본 특유의 감성이다. 유럽은 맛에서도 비유적인 표현을 많이 사용한다.

커피업계에서는 '일본은 맛을, 유럽은 향을 중시한다'고 하는데, 이는 언어의 표현방식과 연관되었을 수 있다. 다만 표현은 달라도 지역을 초월해 일반 소비자가 좋아하는 커피는 '달콤쌉싸름하며 구수한 향을 간직한 것'으로 귀결된다.

또 하나, 유럽이든 아시아든 지역을 불문하고 커피 향미를 감정(커핑)하는 프로들은 일반 소비자가 사용하는 것보다 풍부한 어휘를 구사한다. 커피업계에서는 1950년대 브라질 커피 감별사나 1980년대 미국스페셜티커피협회scaa, 2000년대 컵 오브 엑셀런스coe의 컵테이스터들이 각각 자신의 기준에 맞게 '맛 용어'를 사용

표 4-3 영국 커피 맛 용어

타입	맛 용어		출현 빈도 (%)*
맛/풍미	쓴맛	Bitter	90
맛 (뒷맛)	쓴맛이 남는	Bitter aftertaste	90
향	연기	smoky	70
향	탄	burnt	60
향	초콜릿	Chocolate	50
맛/풍미	프루티한	Fruity	50
맛/풍미	초콜레티	Chocolate	50
맛/풍미	나무	Woody	50
맛 (뒷맛)	나무 같은 뒷맛	Woody aftertaste	50
입의 감촉	드라이한	Dry	50
향	단향	Sweet	40
향	흙 같은	Earthy	40
향	나무 같은	Woody	40
맛/풍미	고무 같은	Rubbery	40
맛/풍미	짠	Salty	40
맛/풍미	신맛나는	Sour	40
맛/풍미	탄	Burnt	40
맛/풍미	연기 같은	Smoky	40
맛/풍미	연기 같은 뒷맛	Smoky aftertaste	40
입의 감촉	혀가 조여드는	Astringent	40
입의감촉	매끄러운	Smooth	40

Narain(2003)에서 발췌해 인용.
* 일반인에 의한 커피 풍미 표현에서 나타나는 빈도.

하는 커핑법을 알려왔다. 지금은 SCAA가 1997년에 만든 '플레이버 휠'(그림 4-2) 보급으로 인해 미국식이 세계 표준이 되었고, 일본스페셜티커피협회SCAJ 등 일본 커피업계에서도 이를 기준으로 삼는다. 맛 관련 용어가 공용화되면, 가령 해외의 커피숍에서 "감귤계의 프루티한 커피 생두를 사고 싶어요."라고 주문할 때, 구체적으로 어떤 향미를 원하는지 생산자들이 금방 알아챌 수 있다. 의사소통이 편해지는 것이다. 반면 일반 소비자의 감각과 어긋나게 특정 가치관만 지속적으로 알려질 우려도 있다. 예를 들어 미국 커피업계 사람들은 우리가 커피 맛 표현에 즐겨 사용하는 '쓰다'라는 말을 피하려는 경향이 높다. 미국인에게 'bitter'는 우리가 '쓰다'라는 단어로 인식하는 느낌 이상으로 부정적인 뉘앙스가 강하다. 이 단

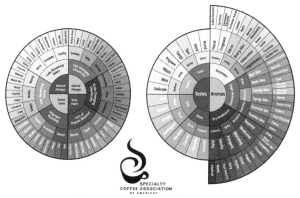

그림 4-2 커피 플레이버 휠
그림은 1997년판(2016년에 개정). 우측 원의 오른쪽 절반이 일반적인 커피의 향, 좌측 절반이 맛의 표현. 좌측 원은 제거해야 하는 결점두의 향미(출처: SCAA)

어가 자칫 상품의 이미지를 훼손할 수도 있다고 우려한 미국 커피 업계 사람들이 맛 표현에서 'bitter'를 의도적으로 배제하는 것이다. 미국의 일반 소비자에게 보급하기 위해서는 그 편이 좋았을지 모르지만, SCAA와 COE의 여명기에 커핑 용어를 정할 때 쓴맛이 적은 약배전을 중시하던 보스턴 조지 하웰 그룹이 중심이 되었던 것도 적지 않은 영향을 끼친 듯하다.

'맛있는 쓴맛'이라는 모순

일부에서 '쓴 맛'이라는 표현을 기피한다 해도 커피 맛의 주역이 쓴 맛이라는 점은 명백하다. 이는 과학적으로도 증명된 부정할 수 없는 사실이다. 그러나 여기서 큰 의문이 생긴다. 인간이 생리적으로 피하는 쓴맛을 주조로 한 커피를 두고 '맛있다'고 느끼는 것, 참으로 모순적인 현상이다.

　'쓴맛'을 두고 맛있다고 느끼는 사례는 커피 이외에도 많다. 맥주, 겨울오이, 수세미, 자몽, 비터초콜릿 등등…. 그렇게 보면 이건 보편적인 현상일지도 모른다. 보통 사람은 어릴수록 쓴맛을 싫어하는 경향이 있다. 그러다 커가면서 쓴맛에서도 맛있음을 느끼는 듯하다. 최신 연구결과, 어린이와 어른이 쓴맛을 느끼는 감각(쓴맛 감수성) 자체에는 큰 차이가 없다는 사실이 판명되었다. 다만 음식 체험을 통해 그 식품이 안전하다는 사실을 학습하면서 쓴맛에 익숙해지고, 맛의 다양성 중 하나로 쓴맛을 즐기게 된다는 것이다.

이는 쓴맛에 한정된 게 아니라 신맛이나 매운맛, 떫은맛 등 '본래 기피되는 맛' 전반에 걸쳐 나타나는 현상이다.

또 부모가 평소 쓴 것을 즐겨 먹을 경우, 아이는 어릴 적부터 이를 안전하다고 판단하기 때문에 쉽게 받아들인다는 것이다. 즉 커피를 맛있다고 느끼려면, 커피가 그 사람 주변의 사회문화적 환경에 수용되어 있는지 여부가 중요한 요소로 작용한다. 가령 17세기 중동에서 처음 커피를 마신 유럽인 여행자는 '맛은 쓰고, 좋은 향이 나는 것도 아니지만 현지인들은 즐겨 마신다'고 썼으며, 일본에서도 음용 초기 오오타 난바大田南畝는 '탄내가 진동하고 참기 힘든 맛'이라고 평가했다. 즉, 각각의 사회에서 최초에 마신 사람들에게 커피는 '맛있는 것'이 아니었던 셈이다. 그것이 널리 보급되면서 '맛있음'을 인식하게 되었을 뿐.

커피를 처음 접할 때 쓴맛 때문에 마시기 힘들어했던 사람이 나중에 커피 애호가로 변하는 경우는 흔하다. 그런데 보통 사람이라면 상상하기 어려울 정도로 '격하게 매운 맛'을 좋아하는 사람은 종종 있지만, '격하게 쓴맛'을 좋아하는 사람은 거의 없다. 경험을 통해 쓴맛에 익숙해진다고 해도 한계는 있어서 '불쾌함을 느끼는 한도(역치)'를 넘지 않는 게 커피를 맛있게 즐길 수 있는 조건이 된다. 또 우리가 커피의 쓴맛을 거부감 없이 받아들이면서도 다른 쓴맛에는 매우 예민하게 반응하는 것도 재미있는 현상이다. 가만히 생각해보면 커피, 수세미, 맥주, 자몽 등 여러 가지 쓴맛 중 어떤 것도 동일한 맛은 아니다. 쓴맛도 가지각색이다. 그 중 커피는 '기분 좋은' '깔끔한' '뒷맛이 좋은' 등 여러 질감의 쓴맛이 혼재되어 있다

미각의 생리학

한 발 더 들어가 '쓴맛의 맛있음'의 수수께끼를 풀기 위해 '미각'의 구조를 자세히 살펴보자.

맛을 느끼는 데 있어 중심이 되는 기관은 '혀'이다. 혀의 표면에는 위치별로 형상이 다른 네 종류(유곽有郭, 엽상葉狀, 용상茸狀, 사상絲狀, 그림 4-3)의 설유두舌乳頭라고 불리는 돌기가 있고, 사상유두를 제외한 세 종류에 '미뢰味蕾'라는 기관이 있다. 미뢰는 혀 전체에 통상 4000~5000개 존재한다. 그 절반은 혀 안쪽에 자리하고, 나머지가 4분의 1씩 혀 측면 안쪽과 혀끝에 분포한다. 따라서 이들 위치가 맛을 더 잘 느낄 수 있는 부위에 해당된다. 이 외에 입의 안쪽에서 목을 향해, 혀 이외 장소에도 2,000~2,500개 가량의 미뢰가 분포되어 있다. 하나의 미뢰에는 약 100개의 '미세포味細胞'가 있어 다섯 가지 맛을 각각 느낀다. 특화된 상이한 세포 집단으로 구성된 셈이다. 이것이 바로 우리가 지닌 고성능 '미각센서'이다.

미세포의 표면에는 '미각수용체'(표 4-4)라는 단백질이 있는데, 어떤 수용체가 발현되는가에 따라 담당하는 기본 맛이 달라진다. 기본 5가지 맛들 중 단맛과 감칠맛, 쓴맛의 수용체는 2012년 노벨화학상을 수상한 G단백공역수용체GPCR의 일종이다. 감미수용체와 감칠맛수용체는 각각 한 종류씩 존재하며, 수용체를 구성하는 단백질이 닮아서 타입 1 수용체(T1R)이라 불린다.

쓴맛수용체는 타입2(T2R)라고 불리며, 인간에게서 29종류의 유전자가 발견되었다. 쓴맛 수용체가 많은 이유는, 복수의 수용체가 각기 다른 화학물질을 감지하기 때문이다. 이렇듯 쓴맛수용체가 발달한 것은 자연계의 다종다양한 독에 대처하기 위함이라고 알려져 있다. 실제로 자연계에 존재하는 쓴맛 물질의 종류는 수백 종으로, 단맛과 감칠맛의 수십 배에 달한다.

한편 신맛과 짠맛 수용체는 이온 채널로 보이며, 그 후보가 발견된 상태다. 또 염분이 진해지면 짠맛뿐만 아니라 쓴맛, 신맛 세포도 활성화되기 때문에 '불쾌한 맛'으로 전달된다고 한다.

미질	수용체 종류	수용체수	주요 수용체	주요 미물질
단맛	GPCR형 T1R	1종류	T1R2+T1R3	당류, 인공감미료 등
감칠맛 (우마미)		1종류	T1R2+T1R3	아미노산(그루타민산) 핵산(이노신산)등
쓴맛	GPCR형 T2R	29종류*	T2R38	페닐치오칼바미드, 커피(?)
			T2R43	인공감미료의 쓴맛, 키니네, 카페인 등
			T2R3,4,5	커피(?)
			T2R1,14,40	호프의 쓴맛 성분
			T2R10	수세미의 쓴맛성분
산미	TRP형 채널?	1종류 이상?	PKD2L1+PKD1L3(?)	수소이온
짠맛	채널형	1종류 이상?	ENaC	나트륨이온(묽은 염분)
				진한 염분(쓴맛, 산미, 세포가 불쾌한 맛으로 감지)

* 인간의 쓴맛수용체 유전자가 29종류 발견되었지만, T1R과 같은 조합의 패턴 전체는 아직 밝혀지지 않았다.

매운맛과 떫은맛은 기본 맛과는 다르며, 미뢰 이외 장소에서 감지되는 화학감각이다. 예를 들면 고추와 고추냉이 등의 매운 성분이 손에 닿으면, 화끈거리는 듯한 열감과 찡한 냉감을 느끼게 되는데, 이렇게 피부에서도 느끼는 냉열감각이 '매운맛'의 정체이다. 고추와 고추냉이의 매운 성분은 각각 43도 이상, 17도 이하에서 활성화되는 냉온감각 수용체를 자극한다.

또 떫은맛은 구강 내 단백질, 특히 프로린리치 단백질(PRP)의 성질이 변할 때 발생하

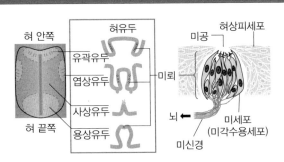

그림 4-3 혀와 미뢰

는 촉감과 통각에 의한 감각이다. 떫은 감을 먹어본 적 있는 사람은 잘 알 것이다. 입 안의 점막이 오그라들어 응축(=수렴)하는 듯 불쾌한 감각과 다른 감각이 차단되는 위화감을 동시에 느끼게 된다. 떫은 감 성분인 탄닌tannin은 가죽을 길들일 때에도 사용하는데, 탄닌이 가죽의 단백질 성질을 변하게 하여 방부효과를 얻는 데 이용된다. 떫은맛은 구강 점막이 '태닝될' 때 느끼는 맛이라고 해도 좋을 것 같다.

는 사실을 용어에서도 엿볼 수 있다. 이를 종합해보면 '쓴맛의 맛있음'이 성립하기 위해서는 (1)마시는 사람의 경험과 학습, (2) 사회문화적 수용, (3)적당한 쓴맛 강도, (4) 쓴맛의 종류와 질감이라는 요인이 관여하는 셈이다.

커피 맛의 수수께끼를 풀다

커피의 쓴맛도 이러한 미각 구조에 의해 감지된다면, 구체적으로 어떤 수용체가 작용하는 것일까. 이를 명확히 하기 위해서는 커피에 함유된 쓴맛 성분을 특정해 어느 수용체와 결합하는지 검증하면 될 테지만 애석하게도 아직 연구가 진행되지 않은 상태다. 그러나 미각수용체 유전자 연구를 통해 해석의 실마리는 나왔다.

미각수용체에 유전자 변이가 생기면 음식 취향의 변화가 생긴다는 것은 이미 알려진 사실이다. 1931년, 듀퐁사에 근무하던 화학자 아더 폭스는 실험실에서 페닐치오칼바미드ᴘᴛᴄ라는 인공 쓴맛 물질 분말을 떨어뜨려 가루가 날리는 바람에 이를 들이마신 동료들이 쓴맛을 느끼며 불만을 호소하는데 정작 자신은 그 쓴맛을 느끼지 못한다는 사실을 알게 되었다. 이 우연한 발견에서 PTC 쓴맛을 전혀 느끼지 않는 'PTC 미맹'이라는 존재가 밝혀졌다. PTC 미맹은 열성(잠성潛性) 유전하는 선천성 특징이며, 전 세계 약 30% 사람들이 이에 해당된다. 그 후 연구에서 PTC에 대한 쓴맛수용체 T2R38의 특정 염기가 유전적으로 달라지면(1염기다성, SNP) 감수성이 저하되어 유전자대의 양쪽에 변이가 일어나고, 이로 인해 PTC 미맹이 된다는 것이 드러났다. 나아가 생브로콜리에는 PTC와 닮은 쓴맛 성분이 함유돼 있어서, PTC 미맹자에게 '브루콜리 거부' 증상이 나타나는 비율이 낮다는 사실도 확인됐다.

이 T2R38이 커피의 쓴맛 수용에도 관계한다는 연구결과가 있다. PTC 쓴맛을 잘 느끼지 못하는 사람일수록 에스프레소와 블랙커피를 좋아하는 경향이 높다는 것이다. 이는 쓴맛이 강한 커피에 대한 개개인의 기호에, 후천적 경험뿐 아니라 선천적 유전요인까지 관여한다는 것을 시사한다. 단 커피의 쓴맛은 T2R43이라는, 키니네와 카페인 등에 반응하는 수용체에 변이가 있는 사람도 좋아하는 경향이 있다. 또 기호를 좌우할 정도까지는 아니지만 커피의 쓴맛을 강하게 느끼는 유전자 변이도 발견되었다.

한편 맥주와 수세미 등의 쓴맛 성분에 대한 수용체도 발견되었는데, 그것이 커피의 쓴맛과 관련 있다는 보고는 아직까지 나오지 않았다. 어쩌면 우리가 식품별로 느끼는 '쓴맛의 질'에는 그것을 전달하는 쓴맛수용체들 간 차이와 관계가 있으며, 그 조합에 의한 복잡한 감각이 '커피 특유의 쓴맛'을 만들어내는지도 모른다.

타액의 중요성

'쓴맛의 질'은 수용체 종류만으로 결정되는 것은 아니다. 의외로 놓치기 쉬운 부분이지만 '개운한 쓴맛' '쓴맛이 뒤에 남는다' 등의 질감에는 맛물질 자체가 구강 내에 머무는 시간, 즉 물리적인 지속성도 중요한 요인으로 작용한다. 여기서 큰 역할을 하는 것이 바로 '타액'이다.

미각에 있어 타액의 역할 중 특히 중요한 것이 세정 작용이다. 우리가 뭔가를 먹을 때 분비되는 타액은 수용체에서 미물질을 씻어내고 정화시킨다. 또 타액 중의 PRP도 탄닌과 유지분에 우선하여 결합해 입 안에서 제거시키는 것을 돕는다. 식품회사 등에서 이용하는 미각센서 중에는 이 역할을 재현하기 위해, 샘플 측정 후 센서를 헹굴 때의 변화까지 측정하는 것도 있다.

단 미각센서와 달리 사람의 입 안에서는 부위와 상황에 따라 타액 분비 정도와 흘러나오는 모양이 달라진다. 가령 우매보시(매실장아찌)처럼 신 것을 먹으면 침이 다량 흘러나온다. 이는 입 안의 pH를 일정하게 유지하기 위한 완충작용의 결과물이다. 원래 타액선에서 만들어진 타액의 원액은 pH7.5 내외의 약알칼리성이지만, 평상시에는 도중에 나트륨이온이 재흡수되어 구강 내 pH와 같은 약산성 상태로 분비된다. 그러나 대량으로 분비되면 나트륨이온을 재흡수하지 못하고 약알칼리성인 채로 흘러나와 강한 산미를 효율 좋게 중화하는, 매우 잘 만들어진 시스템(!)이라고 할 수 있다. 이외에도 고형물로 된 맛물질을 녹여내 미뢰가 감지하기 쉽도록 하거나 식품 속의 전분을 타액 속 효소(아밀라제)로 하여금 당으로 변하게 하는 등 타액은 여러 형태로 미각에 관여한다.

맛물질의 구강 내 역학

커피 맛 용어 중 '개운한 쓴맛' '쓴맛이 뒤에 남는다' 등의 표현은 지속시간이 짧은 쓴맛과 긴 쓴맛이 있음을 나타낸다. 얼핏 모순되는 듯하지만, 커피에 여러 종류의 쓴맛 물질이 함유돼 있다는 점을 떠올려보면 그리 이상한 일도 아니다.

우리가 커피를 마실 때 입 안에 들어간 액체 대부분은 그대로 삼키지만, 성분의 일부가 미뢰와 구강점막에 남아 점막 위를 시트처럼 덮는다. 이후 타액이 분비되면 이 성분들이 차례로 씻겨나간다. 이 현상은 타액을 이동층, 구강점막을 고정층으로 하는 액체 크로마토그래피에 비유할 수가 있다. 각 성분이 구강에서 소실되는 속도(구강 내 클리어런스)는 서로 다르다. 기본적으로 양이 적고 친수성이 높은 분자일수록 빨리 유실된다. 커피의 쓴맛에는 신속하게 사라지는 성분부터 오랫동안 머무르는 것까지 다양하게 존재한다. 이것이 수용체와 만나 전자는 '개운한', 후자는 '뒤에 남는' 쓴맛이 되는 것이다.

이러한 분자의 움직임 차이는 쓴맛 외에도 존재하며, 개중에 고유의 특징을 지닌 것도 있다. 가령 산미(신맛)는 유기산 등이 물에 녹았을 때 방출되는 수소이온의 맛이기 때문에, 수용성이 높고 잘 흐르며 타액에 의해 중화되어 타액 분비를 촉진시킴으로써 유실 속도 전체를 빠르게 한다. 산미 자체의 소실이 빠를 뿐더러 다른 성분 소실도 촉진해 '개운한 감각'을 높이는 것이다. 떫은 성분은 구강 내 단백질과 결합하기 때문에 잔류성이 높고, 타액 중 PRP에 의해 씻겨 내려간다. 유지분은 다른 친유성 성분을 녹여내 구강 내에 머무르며, 산미와 달리 다른 성분의 소실을 늦추는 작용을 한다. 이러한 '맛물질의 구강 내 다이내믹스(분자 동태)'도 커피의 맛에 깊이 관여한다.

분자의 움직임이 만들어내는 맛있음 :
입 안의 감촉과 깔끔함

최근 미국에서 증가하는 COE 방식의 커핑에서는, SCAA 방식과 비교하면 '입 안의 감촉Mouthfeel'에 관한 항목이 늘고 있다. 일본의 융 드립에도 '벨벳 같은' 등 감촉에 관한 어휘가 풍부하며, 이탈리아에도 에스프레소 전통에서 발전한 표현들이 많다. '감촉'은 본래 구강 내 촉감이 전하는 텍스처의 일부로, 액체인 커피와는 그리 연관성이 없다고 볼 수 있다. 액체의 점성과 표면장력을 일컫는다고 설명한 연구도 있지만, 그 차이가 너무 미묘해서 정말로 사람이 구분할 수 있을지는 미지수다.

다만 구강 내 분자 움직임으로 그 구조를 설명할 수 있을지는 모르겠다. 입 안에서 맛물질이 천천히 소실되어갈 때, 우리는 실제 액체가 가진 것보다 더 강한 점성을 느낀다. 반대로 빨리 사라질 때는 점도가 약하다고 느낀다. 여러 종류의 쓴맛이 부드럽게 퍼지는 감각에서 중후함과 매끄러움을 느끼는 이라면, '벨벳 같은' 감촉을 떠올릴지도 모르겠다. 이렇게 어떤 감각이 다른 감각과 혼동되어 인식되는 것을 '공감각共感覺'이라고 부른다. 입 안에서 느껴지는 커피의 감촉 대부분은 사실 이러한 미각의 경시변화를 감각으로 인식하는 일종의 공감각이다.

그런가 하면 커피의 '깔끔함'에도 분자의 움직임이 관여한다. 깔끔한 맛이란 입 안에서 빠르게 사라지는 것이 특징이다. 다만 '개운함'과 '깔끔함'은 다소 다르다. 말하자면 쓴맛의 깔끔함을 느끼기 위해서는 먼저 불쾌하지 않을 정도로 강한 쓴맛이 필요하다. 나아가 그 쓴맛이 신속하게 사라진다는 두 가지 조건이 충족될 때, 비로소 '깔끔함'이 완성된다. 커피의 쓴맛에 익숙한 사람일지라도 무의식중에 강한 쓴맛에 대해 모종의 스트레스를 느낀다. 그 쓴맛이 쓰윽 사라지는 것과 동시에 스트레스가 순식간에 해소되는 상쾌함. 그것이 만들어내는 일종의 카타르시스(정화감)가 '깔끔함의 감각'으로 이어지는 건 아닐까.

커피의 바디

'바디가 있다'라는 용어는 '맛있을 것 같은' 긍정적 이미지를 내포하지만, 동시에 설명하기 매우 어려운 단어 중 하나이다. '바디'에 관한 몇 가지 정의는 '농도감과 지속성, 확장성, 깊이를 갖춘 맛있음'을 기본 틀로 한다. 류코쿠 대학교 후시키 토오루 교수는 저서《바디와 우마미의 비밀》에서, 바디에는 다음과 같은 세 종류가 있다고 분석했다.

⑴ 아미노산과 당, 오일 등 영양소를 많이 함유한 식품이 지닌 우마미(감칠맛), 감미(단맛)의 풍부함에서 느껴지는 본능적이며 생리적인 맛있음(핵심적인 바디감).

⑵ 핵심적인 바디가 있는 식품을 맛보며 학습한 식감과 향을 우연히 맡았을 때, 실제로 핵심적인 바디가 없더라도 자연스레 연상하게 되는 바디감(연상의 바디감).

⑶ '바디감이 있는 인물' 등 음식과 상관없는 이미지로서 사용되는 느낌(정신적인 바디감).

이처럼 바디감은 주로 감칠맛이나 단맛과 연관지어 이야기하지만, 커피나 맥주 등 쓴맛 중심의 음식물에서도 맛있음의 중요한 요소로 꼽힌다. 쓴맛이 바디감을 이끄는 것은 커피나 맥주의 바디감이 쓴맛의 강도와 연관 있음을 뒷받침한다. 나아가 감칠맛이나 단맛과는 다른 '쓴맛의 바디감'이 따로 존재한다는 것을 시사한다. 쓴맛은 '생리적인 맛있음'과 대척점에 있는 '기피되는 맛'이기 때문에 '핵심적인 바디감'을 만들어내지는 않는다. 그러나 쓴맛의 맛있음과 핵심적인 바디를 모두 체감하고 학습한 사람이라면, 핵심적인 바디의 미질이 '맛있는 쓴맛'으로 바뀐 경우에도 '바디가 있다'라고 느낄 것이다. 식감과 향에서 연상되는 것과는 다르지만 넓은 의미에서는 '연상의 바디감'에 포함시켜도 무방할 듯하다.

핵심적인 바디감을 느끼기 위해서는 우선 '맛있는 맛물질의 양이 풍부해서' 만들어지는 농도감 및 지속성과 동시에 '맛있는 맛물질의 종류가 풍부해서' 만들어지는 맛의 복합성(맛의 확장성과 깊이)

이 중요하다. 처음에는 단순히 '쓰다'고만 느끼던 커피가 개인의 음식 경험과 사회문화적 수용 방식에 의해 '맛있는' 것으로 다가온다. 그리고 점점 더 많이 마시면서 그 복합적인 맛을 의식적이든 무의식적이든 느끼게 되는 것이다. '지극히 커피다운 쓴맛'이 맛 전체의 베이스가 되어 충분한 농도감과 지속성을 확보하고, 이에 대응하는 수용체와 구강 내 분자 움직임에 따라 서로 다른 다채로운 쓴맛 물질이 더해지면서 쓴맛의 질에 복합성이 추가된다. 이것이 다른 식품을 통해 핵심적인 바디감을 경험한 사람에게 독특한 바디감을 연상케 하는 건 아닐까.

그런데 바디감ㄱㄱ(깊이 있고 진한 맛)이란 개념은 일본 특유의 감성이라고 한다. 앞서 기술한 '커피의 맛 용어'를 봐도 일본에서는 이 개념이 가장 먼저 등장하는 반면 영국에서는 이런 표현을 쓰지 않는다. '매끄러운 쓴맛' '개운한 쓴맛' 등 바디감을 만들어낸다고 볼 수 있는 쓴맛의 질감에 관한 어휘는 일본에서 특히 다양하게 나타난다. 단 영어에서는 'Body(몸)'라는 말이 맛 전체의 베이스를 가리킨다. 가령 'rich body(바디의 풍부함)'라는 표현은, 그 농도감이 지속된다는 의미를 지닌다. 하지만 에스프레소의 강배전 문화를 발전시켜 온 이탈리아에서도 바디를 의미하는 'Corpo'를 자주 사용하면서, '입 안의 감촉'이라 할 질감을 중시하는 상황을 고려하면 '커피의 바디감' 개념은 의외로 세계 공통적이라고 할 수 있을 듯하다.

산미와 신맛의 차이

산미는 커피에서 쓴맛 다음으로 인지도가 높은 미질이다. 그러나 오래된 커피 관련 문헌에는 산미에 대한 이야기가 등장하지 않는다. 이 맛이 언제부터 언급되기 시작했는지 정확히 알 수 없지만, 로부스타가 생산되기 시작한 시기와 겹치는 듯하다. 아라비카보다 쓰고 산미가 적은 커피가 등장하면서, 사람들은 지금까지 쓴맛 뒤에 가려졌던 산미라는 존재를 인식하게 된 것인지 모른다.

많은 커피 관계자들은 '양질의 커피에는 산미가 있다'라고 말하면서 커피의 산미를 '맛있는 것'으로 인식한다. 한편 "신 커피 싫은데…."라며 고개를 가로젓는 소비자도 여전히 많다. 사실 커피업계에서는 '산미acidity가 있다'와 '시다sour'를 전문용어로 구별해 사용한다. 양자의 차이는 산미의 강도이다. 즉 산미가 도를 넘어 불쾌한 느낌일 때 '시다'고 표현한다. 또 통상 질이 좋지 않은 생두나 배전 후 열화에 의해 나타나는 강한 산미 역시 '시다' 또는 '시큼하다'라고 표현한다. 다만 품질상 문제가 없는 경우, 강도가 다소 강하더라도 '산미가 있다'라고 하며 이를 '생두의 개성 중 하나'로 간주한다. 어찌되었든 적당한 산미는 커피에 산뜻한 풍미를 불어넣어 타액 분비를 촉진하고, 맛 전체를 개운하게 정리시킨다.

생산지에서는 생두가 정제 도중 발효를 일으켜 불쾌한 산미를 발산하는 경우, 이 결점두(발효두)를 'sour bean'이라고 부른다. 그러나 우리가 일상에서 만나는 '신 커피'는 이와 다른 것으로 대부분 배전 및 추출 후의 '경시열화經時劣化'가 주요 원인이다. 가장 많이 볼 수 있는 화학변화는 배전 후 락톤류가 수분과 반응해 산으로 변화는 현상인 스테이링stailing이다. 이를 '산화酸化'라고 부르는 사람이 있지만, 엄밀히 말하면 가수분해반응에 의한 산성화일 뿐 전자電子 수수授受를 동반하는 산화반응은 아니다. 또 하나의 화학변화는 산패酸敗로, 배전 원두에 들어있는 유지油脂가 공기산화하면서 pH가 저하되는 현상이다.

향과 맛있음

커피의 맛있음을 논할 때 맛과 함께 중요한 것이 바로 향이다. 우리의 비강鼻腔 천개부天蓋部에는 후세포嗅細胞라고 불리는 세포가 1,000만 개 이상 존재한다(그림 4-4). 미각에서는 수용체를 가진 미세포와 정보를 전달하는 미신경이 각각 독립적인 별도의 세포이지만, 후세포는 스스로 신경세포(후신경)가 되어 전뇌前腦에 있는 후구嗅球라는 영역과 직접 연결된다. 후세포의 후강측嗅腔側은 섬모纖毛로 되어 후점막에서 자라는데, 여기에 있는 후각수용체라는 단백질에 특정 분자가 결합하면 '냄새'로 감지한다. 사람에게는 400종 가까운 후각수용체 유전자가 존재한다. 각각의 후세포는 오직 하나의 수용체만 가지며, 특정 냄새에 특화된다. 이것이 우리가 태어날 때부터 지닌 초고성능 '냄새 센서'이다.

후각수용체는 종류가 매우 많고 그 유전자군이 발견된 것이 1991년으로 비교적 최근이다. 따라서 어느 냄새에 대응하는지 판

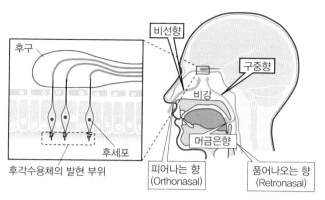

그림 4-4 후각기(좌)와 냄새의 경로(우)

명되지 않은 수용체가 대부분이다. 단 PTC 미맹처럼, 특정 냄새를 느끼지 못하는 '후맹'이 존재한다는 것은 사실이다. 예를 들어 젖은 볏짚 같은 냄새가 나는 이소부틸알데히드Isobutylaldehyde라는 화합물의 냄새를 느끼지 못하는 사람이 36%로 대략 3명 중 1명인 것으로 밝혀졌으며, 그 이외 냄새에 대해서도 평균 1~3%가 후맹인 것으로 알려졌다. 다시 말해 사람의 후각유전자가 400종류이기 때문에 누구라도 특정한 몇몇 냄새에 대해서는 후맹일 확률이 높다는 얘기다. 이러한 후맹 역시 SNP 변이에 의한 것으로 보이는데, 가령 이소부틸알데히드 후맹의 경우 OR6B2라는 후각수용체 유전자 주변에 점변이点變異가 나타난다. 커피에서 중요한 성분과 관련해 어느 수용체가 관여하는지 현재까지 나온 연구결과는 없다. 다만 간혹 '커피 후맹'이 있다는 보고자료는 나온 만큼 향후 진전이 기대된다.

앞문에 향, 뒷문에 맛

후세포가 있는 비강에는 전방과 후방에 두개의 출구가 있어 각각 외부와 연결된다. 우리가 느끼는 냄새는 전비공前鼻孔(콧구멍)에서 흡입되는 공기의 냄새를 직접 느끼는 '비선향鼻先香'과 후비공後鼻孔 (비강의 안쪽에서 구강으로 이어지는 부분)을 통해 구강에서 후강으로 흘러가는 공기의 냄새를 느끼는 '구중향口中香'으로 크게 나뉜다. 각각 지나가는 경로에 따라 전자는 오르소네잘Orthonasal의 아로마, 후자는 레트로네잘Retronasal의 아로마라고도 불리는데, 와인의 세계에서는 이 용어를 즐겨 사용한다. 또 사케(일본 술)의 세계에서는 액체에서 피어오르는 향을 '상립향上立香(우와다치카)', 입 안에 머금었을 때 느끼는 향을 '함향含香(후쿠미카)', 삼키고 난 후 목 안쪽에서 느껴지는 향을 '여향(모도리카)'이라고 부른다. 즉 상립향이 비선향, 함향과 여향이 구중향에 해당한다.

비선향이 순수한 향으로 인식되는 것에 비해, 구중향은 '입으로 느끼는 플레이버'의 일부로서 맛의 구성요소로 인식된다. 후각과 미각이 서로 혼동되는 '공감각' 중 하나라는 의미다. 감기로 코가 막혀 음식의 맛을 못 느낀 경험이 있는가? 이는 내쉬는 숨이 비강으로 흐르지 않아 구중향을 못 느낀 결과 생기는 현상이다. 사실 우리가 맛을 인식하려면 미각 이상으로 구중향이 중요하다. 실제로 코를 막은 상태로 음식을 입에 넣고 미각만으로 무슨 음식인지 맞추라고 하면, 의외로 많은 사람들이 익숙한 음식 맛을 구별해내지 못한다. 사람은 후각이 퇴화한 동물이라고 하는데, '뉴로가스트

로노미(신경미식학)'를 제창한 예일대학교 고든 M 쉐퍼드 교수는 비선향의 예민함에서는 개에 뒤지지만, 구중향을 '맛'의 일부로 인식하는 능력은 오히려 사람이 발달했다고 주장한다.

이 두 가지 타입의 향은, 단순히 후세포에 전달되는 경로가 다른 것만은 아니다. 냄새 분자는 온도가 높을수록 휘발성이 좋아서, 실온의 와인을 유리잔으로 맡는 비선향보다 구강 내에서 온도가 올라간 구중향을 강하게 느낀다. 이 같은 온도에 의한 휘발성은 분자별로 다르기 때문에 타액과 혼합되는 화학반응에 의해 냄새 분자 조직에도 변화가 일어난다. 이 때문에 식품회사의 연구소에서는 향기 성분을 직접 분석할 뿐만 아니라, 구강 내 타액과 섞은 후 체온 정도로 따뜻하게 했을 때 향이 피어오르는 모양을 조사하는 레트로네잘 아로마 시뮬레이터RAS라는 장비도 사용한다.

커피 향을 RAS로 분석한 결과, 몇 가지 향기 성분 밸런스가 변화한다는 연구결과가 있다. 단 와인과 달리 커피는 컵 안에 담긴 액체 온도가 체온보다 높기 때문에 이미 비선향이 강하며, 구중향과의 차이도 크지 않은 듯하다. 차가운 커피의 경우에도 통상적으로 끓인 물로 추출한 후 식혀서 마시기 때문에 큰 차이가 없지만, 저온 상태로 추출하는 '워터 드립(더치 드립)'은 입 안에 머금었을 때 함향이 좀 더 강하게 퍼지는 것이 느껴진다. 기회가 있다면 꼭 한번 이 점에 유의하면서 맛을 느껴보기 바란다.

랩소디 인 블루마운틴

블루마운틴. 아마도 많은 일본인이 흔히 아는 '고급 커피'의 대명사가 아닐까. 자메이카 블루마운틴 산맥에서 재배된 커피 중 고도가 높은 특정 지역에서 생산된 커피만을 일컫는 블루마운틴은, 1936년 '영국 왕실 애용'이라는 광고문구를 달고 처음 수입되었다. 그 고귀한 울림에 어울리게 가격도 최고급, 마시면 어딘가 사치스러우면서 특별한 기분을 느끼게 했다. '그저 기분 탓이겠지.' 치부하지 말기를! 미각 연구 분야에는 '정보의 맛있음'이라는 개념이 있다. 이에 따르면 브랜드 이미지와 가격이 불러일으키는 가치 역시 분명한 '맛있음'의 요소가 된다.

자메이카 고지대에서 생산된 커피는 19세기 후반 프랑스 문헌에 소개될 정도로 오래 전부터 해외에서 각광받아온 명품이다. 특히 브랜드 마케팅이 대성공을 거둔 일본에서는 비정상적으로 높은 가격에 거래되어, 한때 생산량의 95%가 일본으로 수출될 정도였다. 그런데 공급이 수요를 따라가지 못할 만큼 인기를 끈 게 문제였다. 생산자들이 저지대 생산품을 섞어서 팔면서 인기와 가격에 걸맞은 품질인지 의문을 품는 사람들이 늘었다. 이로 인해 산지에서는 지금도 그 대응책을 마련하기 위해 부심하고 있다.

사실 '영국 왕실 애용'이라는 카피는 당시 일본 수입상들이 근거 없이 붙인 선전문구에 불과했다. '근거는 없지만, 자메이카는 영국 식민지였기 때문에 왕실에도 상납했겠지.' 혹은 '영국 왕실에서 민원이 없으니 괜찮아.'라고 생각했을지도 모른다. 요즘 세상이라면 인터넷에서 난리가 나고도 남았을 어이없는 이야기지만 당시에는 이러한 상술이 제대로 먹혔다.

이렇게 보면 '정보의 맛있음'은 강력하지만, 참으로 근거 없고 왜곡된 것일 수 있다. 일본에서 블루마운틴을 둘러싸고 벌어진 많은 에피소드들은 이를 생각하는 데 있어 매우 좋은 사례이다. 어쩌면 스페셜티 커피 등 요즘 사람들에게 전해지는 수많은 커피 정보 중에도 머잖아 비슷한 길을 가게 될 것들이 있는지 모른다. 전문가들이 정보의 옥석을 가려내는 작업은 그래서 더 중요하다.

약리적인 맛있음

커피, 담배, 술 등 기호식품과 다른 식품의 가장 큰 차이는 약리작용 여부라 할 수 있다. 물론 일반 요리와 과자에도 확 빠져드는 맛있음이 있고, 아무리 먹어도 계속 당겨서 '인이 박이는' 게 있기는 하다. 이는 미각과 후각의 정보가 뇌의 '쾌락중추'라고 불리는 A10신경을 자극해 '쾌락의 감각'을 만들어내는, 일종의 '보수報酬' 조건이 성립되었기 때문이다. 이에 반해 '기호식품'이라고 불리는 것들에는 뇌의 신경세포에 작용하는 약리활성 성분이 함유되어서, 그것이 쾌락중추에 직접 작용한다. 미각과 후각 등의 경로를 거치지 않고 최종 골인 지점인 쾌락에 바로 도달하는 것이다. 이것이 기호식품의 '맛있음'을 만들어내는 주요 요인이다.

커피는 카페인, 담배는 니코틴, 술은 에탄올이 각각 약리활성을 담당하는 성분이다. 이들 성분은 모두 A10신경계에 정보를 전달하는 '쾌락물질' 도파민의 활동을 촉진하지만 작용 메커니즘은 서로 다르다.

카페인은 도파민을 받아들이는 신경세포(도파민 작동성 뉴런)의 활동을 억제하는 아데노신 수용체를 억제, 즉 '억제의 억제'에 의해 A10신경계를 활성화하여 기분을 고양시킨다. 또 선조체線條體 A9신경의 활성화에 의한 각성작용과 대뇌피질 전체에도 흥분을 일으킨다. 니코틴은 도파민을 방출하는 신경세포의 니코틴성 아세틸코린 수용체와 결합해 도파민 방출량을 증가시킨다. 에탄올은 여러 가지 수용체와 결합하여 신경활동을 단계적으로 억제한다. 다만 A10

신경계를 억제하는 신경세포가 먼저 억제되기 때문에 처음에는 기분의 고양과 흥분을, 나중에는 명정(취한) 상태가 되는 것이다. 이러한 고양감과 명정으로 인해 평소 맛볼 수 없는 '트랜스 상태'가 되는 것 역시 사람들이 오래 전부터 즐기며 받아들인 현상이다. 사람들은 이런 현상을 무리와 공유하며 일체감을 강화하거나 의식에 이용하기도 했다. 바로 이런 사회문화적 유익함도 넓은 의미에서 '맛있음' 형성하는 중요한 요인이었을 게다. 나아가 이러한 약리성분이 보수계를 자극하기 때문에 시간이 지나면 그 느낌을 갈망하고 애용하게 된다. 그것이 습관성 또는 의존의 형태로 이어져 금연의 어려움, 알코올 의존증 등 문제가 발생하는 것이다. 단 카페인은 기호식품 중에서도 비교적 영향이 적은 부류이며, 의학적 · 사회적으로 문제가 되는 일 역시 매우 드물다.

'맛있는 커피'와 '좋은 커피'

'커피의 맛있음'에는 여러 요소가 얽혀있지만, 최종적으로 그것을 '맛있다'고 느낄지 말지는 각자의 취향에 달려있다. 다만 '각자의 취향'이라는 전제는 개인적인 차원에서는 명확하게 해결될 문제지만 카페를 운영하는 사람처럼 타인에게 제공하는 상황이라면 이야기는 달라진다. 누군가에게 최고의 한 잔일지라도, 마시는 사람 모두가 그걸 '맛있다'라고 평가할 수는 없을 것이다. 강배전 커피 팬들이 입을 모아 절찬하는 한 잔의 커피라도, 쓴 커피를 싫어하는 사람의 입에는 맞지 않을 게 분명하다. 그 반대의 경우 역시 마찬가지다. 또 시대나 지역에 따라서도 크게 달라진다. 가령 아무리 고품질 강배전 커피를 제공하더라도, 약배전이 유행하는 사회에서는 '맛없다'라는 평가를 받을 게 뻔하다. 이러한 문제는 일본의 로스터리 커피숍 붐 최전성기이던 1980년대, 카페 바흐의 타구치 씨가 주장한 '맛있는 커피와 좋은 커피'라는 개념 안에서 집약적으로 나타난다.

(1) 커피 풍미에 대한 '맛있다, 맛없다'는 주관적 기호와 품질에 대한 '좋은, 나쁜'이라는 객관적 평가를 혼동하지 마라.

(2) 커피업의 프로는 자신의 기호보다 '좋은, 나쁜' 등 객관적 평가를 우선시해야 한다. '맛있다, 맛없다'는 그 이후의 문제다.

(3) '좋은 커피'는 '결점두를 제거한 양질의 생두를 적절히 배전해, 신선한 상태에서 바르게 추출한 커피'라고 정의할 수 있다. 반면 '맛있는 커피'는 사람마다 다르므로 명확히 정의할 수 없다.

(4) '좋은 커피'라 할지라도 실제로 마시는 사람의 기호에 따라 반드시 '맛있는 커피'가 된다고 장담할 수는 없다. 하지만 '나쁜 커피'는 반드시 '맛없는 커피'가 된다.

예를 들어 어느 카페에서 강배전 커피를 낼 때, 만약 그것이 '좋은 커피'라면 약배전 커피를 좋아하는 사람에게는 안 맞더라도 강배전 커피를 좋아하는 사람은 분명 '맛있다'라고 느낄 것이다. 반면 '나쁜 커피'라면, 약배전 커피를 좋아하는 사람이든 강배전 커피를 좋아하는 사람이든 '맛없는 커피'로 인식할 수밖에 없다.

그렇다면 답은 의외로 간단해진다. 배전도가 각기 다른 '좋은 커피'를 준비해두었다가 손님이 좋아하는 배전도에 따라 커피를 권하는 것이다. 이렇게 할 경우 모든 손님이 '맛있다'고 느끼는 커피를 제공할 수 있다는 것이 타구치 씨의 주장이다.

기호와 품질을 구별하는 것은 식품회사의 품질관리 부문에서는 기본적인 사고이지만, 자영업 형태의 작은 커피하우스에서는 종종 간과하는 부분이다. 최근 커피시장을 이끌고 있는 미국에서조차 이런 구별이 제대로 안 되는 실정이다. 그런데 이미 30년 전 일본 커피업계에 이러한 사고가 확산되었다는 사실은 매우 놀라운 일이다. 소비자의 다양한 기호를 존중하는 것은, 커피의 다양한 가능성을 지키는 일이기 때문이다.

제5장

COFFEE SCIENCE

맛있음을 만들어내는
커피 성분

'커피는 쓰고 구수해서 맛있다.' 커피의 그 맛과 향은 모두 커피에 함유된 화학물질이 만들어내는 것이다. 다양한 향미 성분이 만나 빚어내는 전모는 매우 복잡하고 아직 해명되지 않은 수수께끼로 가득하지만, 속속 실마리가 풀리는 중이다. 이번 장에서는 최신 연구로 알게 된 커피 향미 성분의 정체에 대해 살펴본다.

카페인은 쓴맛의 10~30%

'커피에 함유된 성분'으로 누구나 바로 떠올릴 수 있는 것이 바로 카페인(그림 5-1)이다. 카페인은 커피 외에 차나 초콜릿, 마테차, 과라나 등에도 들어있는 알칼로이드로, 대다수 기호식품군이 가진 각성작용의 본체이다. 카페인에는 쓴맛이 있으며 그 역치(최소한의 기준)는 100mg/L(0.01%) 전후이다. 커피의 경우, 그 수 배에서 10배 정도 농도가 함유되어 있다. 이 때문에 커피의 쓴맛은 카페인에 의한 것이라고 오랫동안 여겨졌다. 그러나 커피의 쓴맛은 배전 강도에 따라 강해지는데 반해 카페인의 양은 변화하지 않는다는 사실이 밝혀졌다. 게다가 무카페인 커피가 개발돼 카페인을 제거할

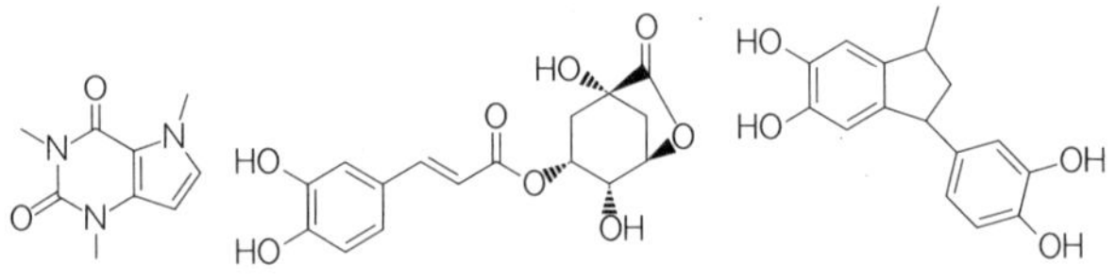

카페인　　　클로로겐산　　　　비닐카테콜
　　　　　락톤(CQL)의 예　　오리고마(VCO)의 예

그림 5-1 커피의 대표적인 쓴맛 성분

경우에도 충분히 쓰다는 사실이 드러나면서, 카페인 이외 쓴맛 물질이 커피에 존재할 거라는 추정이 나오기 시작했다. 그 후 연구가 진행되면서 커피의 쓴맛 중 카페인이 담당하는 부분은 10~30%에 불과하다는 게 확인되었다.

카페인은 물에도 잘 용해되므로 적당한 농도라면 뒷맛이 남지 않는 깔끔한 쓴맛을 느낄 수 있다. 단 카페인만으로는 커피다운 쓴맛을 낼 수가 없다. 아마도 카페인은 커피에 함유된 다양한 쓴맛 성분 중 하나로서 복합적인 맛을 형성하는 데 공헌하는 듯하다. 물론 기분을 개운하게 유도해 인이 박이도록 하는 '약리적인 맛있음'에 있어서는 절대적인 역할을 한다.

쓴맛의 주역을 찾아라

카페인이 쓴맛의 주역이 아니라면, 진짜 주역은 대체 무엇일까? 2006년 뮌헨공과대 토마스 호프만 교수진은 이를 파헤치기 위해 실험을 했다. 생두가 함유한 몇 가지 성분을 따로 가열했을 때 '커피다운 쓴맛'이 나오는가를 검토한 것이다. 그 결과 커피에 가장 가까운 쓴맛을 보인 것은 클로로겐산 가열물이었다. 당류나 아미노산 가열물은 커피와 다른 이질적인 쓴맛이었고, 카페산 가열물은 에스프레소에 이용되는 강배전 커피와 유사한 쓴맛과 떫은맛이 났다. 나아가 그들은 클로로겐산과 카페산 가열물에서 각각 '클로로겐산 락톤류(이하 CQL)'와 '비닐카테콜 오리고마(이하 VCO)'라는, 두 개의 새로운 쓴맛 물질 그룹을 발견했다. 호프만 교수진은 바로 이들이 커피의 쓴맛 중심에 있다고 발표했다(그림 5-1). 이들은 쓴맛 역치 10~20mg/L로, 카페인의 10배 정도로 강한 쓴맛을 보유하고 있다. 실제로 일반 커피든 무카페인 커피든 역치의 40배에 가까운 농도로 이 두 물질이 녹아있다. 어느 쪽도 생두에서는 검출되지 않는 성분이다. 이들은 배전에 의해 생성되는 물질로 CQL이 먼저 증가하다 중배전 피크가 되면 감소하고, 이와 교체하듯이 VCO가 증가하는 걸로 나타났다.

너무나 재미있는 결과였기 때문에 실은 나도 지인과 함께 그 실험을 따라 해본 적이 있다. 먼저 클로로겐산 가열물을 만든 뒤 적당하게 희석해서 맛을 봤는데, 이것은 마치⋯, 혀를 칭칭 감는 듯한 쓴맛과 떫은맛으로 혼쭐이 났었다. 그런데 더 묽게 희석하여 맛을 보니 '왠지 커피 같은??' 쓴맛과 신맛이 느껴졌다. 카페산도 같은 방식으로 가열해 샘플을 만들어 맛을 보았다. 전자의 교훈을 살려 이번에는 처음부터 많이 희석했음에도 예상을 훨씬 뛰어넘는 쓰고 떫은맛이 나서 또 한 번 고통(?)스런 경험을 감수해야만 했다. 떫은맛 강도는 후자가 훨씬 위였는데, 마치 땡감을 먹었을 때처럼 오랫동안 입 안이 이상했을 정도다. 원 상태로 돌아와서 더 많이 희석시킨 것을 맛보니 쓴맛 역시 커피에서 느껴지는 그것이었다. 강배전 에스프레소 또는 오랫동안 핫플레이트에 놓여 가열된 듯한 커피 맛을 연상시키는, 약간 자극적인 매콤한 느낌의 쓴맛이라고 할까. 물론 아주 간소화된 실험이었지만, 이들이 커피 쓴맛의 주인공이라는 호프만 교수의 주장을 확인하기에는 충분했다.

이후 호프만 교수는 클로로겐산이 당과 반응해 생성해내는 푸르푸릴카테콜furfuryl catechol 류를 제3의 쓴맛 그룹으로 보고했다. 이는 앞서 말한 두 가지보다 떫은맛이 강하지만, 참 다행스럽게도(?) 손쉽게 만들 수 있는 것이 아니라 아직까지 직접 실험을 해보지 못했다.

쓴맛을 견고하게 하는 다채로운 성분들

CQL과 VCO가 주역이라고 해도, 그것만으로 커피의 쓴맛이 완성되는 것은 아니다. 드라마나 소설처럼 여러 가지 개성을 지닌 '명품 조연'들이 커피의 쓴맛에 다채로움과 깊이를 주고, 복합적이며 풍부한 다른 맛을 연출해낸다. 앞서 말한 것처럼 카페인도 그 중 하나이다. 이 외에도 커피에서는 여러 종류의 쓴맛 성분이 발견되었다. 가령 흑맥주와 카카오 쓴맛 성분으로도 잘 알려진 디케토피페라진diketopiperazine 류도 커피에 함유돼 있다. 커피 중에는 다크초콜릿 같은 쓴맛이 나는 게 있는데 어쩌면 해당 품종에 디케토피페라진 류가 특별히 많이 들어있는지도 모른다.

또 커피색을 만들어내는 갈색 색소 군에도 쓴맛이 들어있는 것으로 밝혀졌다. 커피액의 검은 색상의 정체는, '커피멜라노이딘 coffee melanoidin'으로 통칭되는, 배전 과정에서 생성되는 수용성 갈색 색소군이다. 고기와 야채 등 여러 식품을 구워서 조리할 때 '탄' 부분이 만들어진 것도 같은 이치다.

멜라노이딘이라 불리는 이 고분자 갈색 색소 혼합물은 아미노산과 당류가 가열될 때 화학반응(메일라드 반응 또는 갈변반응)으로 인해 생성된다. 다만 커피의 갈색 색소가 만들어질 때는 클로로겐산류가 반응에 참여하기 때문에 다른 멜라노이딘과 구별하여 '커피멜라노이딘'이라고 부른다. 커피멜라노이딘은 평균 분자량과 색조의 차이에 따라 A(흑갈색, 분자량 : 대), B(적갈색, 분자량 : 중), C(황갈색, 분자량 : 소) 등 세 타입으로 나뉘며, 배전 시 C->B->A의 순으로 생겨난다. 어느 쪽이든 약한 쓴맛을 갖고 있지만 C와 B가 비교적 맛있는 느낌의 쓴맛인데 비해, A는 입 안을 파고드는 쓰고 떫은 맛이다. 이 때문에 C, B는 '맛있게 잘 구워진', A는 '안 좋게 구워진 (탄)'으로 설명되기도 한다.

이렇게 커피 쓴맛 물질의 정체는 서서히 밝혀지고 있다. 이들을 중심으로 산미와 향 성분 등을 조합해나가다 보면 실험실의 시약만으로도 '합성커피'를 만들어낼 날이 올지 모른다.

커피 산미는 과일의 산미

다음으로 산미 성분에 대해 알아보자. 고분자가 많아 구조 해석이 어려운 쓴맛 물질에 비하면, 커피의 산미 물질 해석은 조금 진보한 편이다. 생두에 함유된 클로로겐산과 구연산, 사과산, 배전 과정에서 만들어지는 키나산quina-acid, 카페산café-acid, 초산acetic-acid 등 저분자 유기산이 커피의 대표적인 산미 물질이다(그림 5-2). 이 외에도 비교적 고분자 유기산인 지방산류나 무기산의 일종인 인산phosphoric-acid 등도 함유되어 있다. 커피 산미 강도는 이러한 유기산의 총량과 더불어 pH의 농도와 긴밀하게 연관된다. 물론 생두 상태에서는 거의 산미가 느껴지지 않는다. 원두를 배전하면 생두 안에 함유된 자당이 분해되며 유기산이 증가하고, 약배전에서 중배전으로 넘어설 즈음 산미가 강하게 나타난다. 그러나 그 지점을 지나

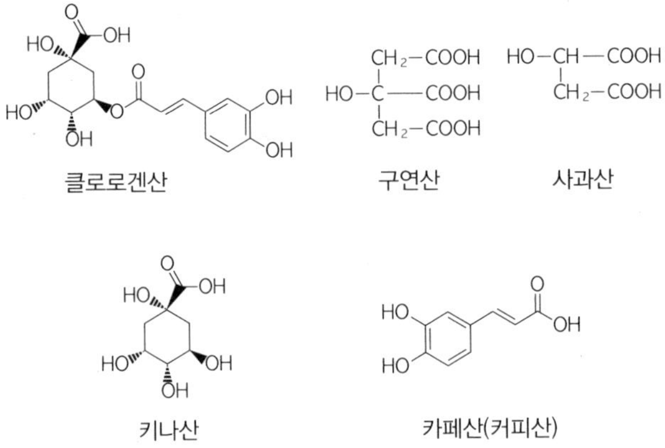

그림 5-2 커피의 대표적인 산미 성분

면 가열에 의해 휘발되거나 열분해되어 유기산 양이 감소하고 산미도 감소한다.

커피의 유기산에는 떫은맛이 강한 카페산과 클로로겐산 외에 각종 과일의 산미 물질로도 잘 알려진 성분이 포함돼 있다. 가령 사과산은 그 이름대로 완숙 직전의 사과처럼 새콤하고 세련된 산미를 지닌다. 구연산도 본래 레몬의 동무 격인 중국 원산지 과일 구연에서 이름을 따온 화합물로 감귤류와 같은 산미를 보인다. 초산은 잘 알다시피 식초의 주성분이다. 휘발성이 있기 때문에 코가 뚫리는, 고농도에서는 코를 찌르는 듯 강한 향이 나지만 비교적 낮은 농도에서는 부드러운 산미를 낸다. 이 역시 다른 유기산과 함께 각종 과일에 함유되어 있다. 키나산은 원래 키나나무에서 발견되었다고 하는데 실제로 키위 과일에도 많이 함유되어 있으며, 그 수용액은 키위 같은 신맛이 느껴진다. 단 키위에는 키나산뿐만 아니라 구연산도 많아 두 가지를 섞으면 키위 특유의 맛에 가까워진다. 이렇게 과일에는 각각 복수의 유기산이 함유되어서, 그 조성(종류와 양의 밸런스)에 의해 과일 특유의 산미가 만들어지는 것이다.

이쯤 되면 '커피 유기산의 구성성분에 맞춰 시판되는 구연산과 사과산 등을 조합해 커피 산미를 재현할 수 있는 것 아니냐'고 생각하는 사람이 있을지 모른다. 그러나 문헌 내용대로 각각의 유기산을 커피가 함유한 양만큼씩 섞으면 커피의 산미와는 아주 거리가 먼, 엄청나게 신 액체가 되어버린다.

실은 커피 생두가 함유한 유기산은 칼륨염 등 염의 형태로 존재하는 비율이 높고, 이미 '부분적으로 중화'되어 있기 때문이다. 유기산을 섞은 후 실제로 커피 정도가 되도록 중화시킨 후 맛을 보니, 그제야 커피 같은 산미가 되었다. 문제는 그것을 '커피의 산미'로 재현할 수 있느냐이다. 내가 실제로 만들어서 커피를 잘 아는 지인들에게 맛을 보게 한 적이 있다. "음, 이야기를 듣고 맛을 보니 그럴 듯하기도 하고…."라는 반응이 많았지만 '바로 이 맛이야.'라고 탄성할 만큼의 반응은 돌아오지 않았다. 아무래도 산미만을 골라낸 경우 실제 커피에 있는 경우보다 약하게 느끼는 것 같아서 조금 더 진하게 만들었더니, 다른 과일인 것 같다는 대답이 돌아왔다. 향 및 쓴맛과 공존하지 않는 산미는 그것만으로 충분한 커피 맛으로 느껴지지 않는 듯하다. 또 일부 문헌에서는 배전에 의해 만들어지는 고분자 안에도 산성 물질이 있을 가능성이 보고되었으니, 이를 더해야 할 필요도 있다. 커피 산미를 제대로 재현하려면 아무래도 더 많은 궁리를 해야 할 것 같다.

커피 향은 1,000종류?

커피의 여러 성분 중 현재 가장 활발한 연구가 진행되는 영역은 '향'에 관한 것이다. 향 성분은 종류가 매우 많은 데다 극미량조차 사람이 인식하기 때문에 해석이 어려운데도 불구하고, 커피 향의 정체를 규명하고 싶어하는 연구자들이 참으로 많다. 최근에는 가스크로마토그래피 질량분석계GC-MS, Gas chromatography-mass spectrometry 등 분석기기가 나오면서 향 성분 분석이 수월해지고, 그로 인해 많은 성분을 발견해냈다. 과거의 문헌을 망라한 《Coffee Flavor Chemistry》(2001)라는 전문서가 있는데, 이 책에 1,000종류 넘는 휘발성 성분이 언급되고 있다. 다른 식품에 관해서는 이렇게까지 상세한 자료가 없기 때문에 단순비교하기는 어렵지만, 가령 와인과 간장의 향 성분은 300종류 정도라고 알려져 있다. 그러니 커피 향 성분이 그 어떤 식품보다도 여러 종류라는 것은 미루어 짐작할 수 있다.

단 '1,000종류'라는 숫자에는 약간의 조작(?)이 있다. 이 책에는 생두가 함유한 성분도 수록하고 있는데, 그들 중 배전 중에 사라져 버리는 게 100개나 된다(그림 5-3). 남은 900종류가 배전된 커피의 향이 되는데, 같은 커피라고 해도 배전 강도에 따라 향은 크게 달라질 것이고, 구성 성분에도 차이가 생긴다. 1,000종류라는 것은 그것들을 모두 더한 수치이며, 실제로 매회 실험에 주목하면 '한 잔의 커피'에서 검출되는 향 성분은 300개 안팎이다. 유감스럽게도(?) 다른 식품 및 기호식품과 큰 차이가 나지 않는 셈이다.

커피 향은 특정한 하나의 성분에 의해 만들어지는 것이 아니다. 여러 성분이 합해지고 수시로 바뀌는 밸런스에 따라 커피는 각각 다른 향을 품는다. 각 성분의 존재감은 그 종류에 따라 달라진다. 기본적으로 성분 양이 많을수록 거기에 해당하는 향은 강해지지만 양이 아무리 많아도 은은한 향으로 머무는 게 있는가 하면, 미량으로도 강한 존재감을 과시하는(냄새 역치가 작은) 성분도 있다. 1998년 뮌헨공과대학교 베르나 그로쉬 교수는 냄새 역치가 작으면서 양이 많은 것일수록 전체에 미치는 영향이 크고 중요한 성분이라는

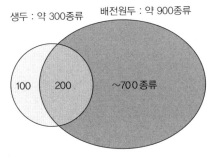

생두 : 약 300종류   배전원두 : 약 900종류

100   200   ~700종류

그림 5-3 커피 향 성분

전체를 바탕으로, 저먼로스트germen roast(중강배전) 콜럼비아산 커피콩에서 향의 중심을 담당하는 성분 탐사를 시작했다. 그 결과 그들은 도합 28종류의 향 성분이 중요하다고 결론짓고, 이 전부를 커피 속 양 비율에 맞춰 섞었다. 그 결과 비로소 '커피다운 향'을 재현할 수 있었다고 보고했다.

참고로 나 역시 지인의 도움을 받아 그들이 만든 향을 재현해본 적이 있다. 몇 가지 구할 수 없는 재료가 있었지만, 향료회사 관계자의 조언을 받아 거의 비슷한 것을 찾아냈다. 맡아보니 커피 같은 향이 나기는 했다. 그러나 커피를 하는 지인에게 맡게 했더니 '향료로 향을 입힌 커피사탕 같다'는 감상을 전했다. 시음 결과 역시 실제보다 달게 느껴졌다. 조언을 구한 향료회사 담당자에게도 향을 맡게 했더니 '100점 만점에 60점.' 그는 그로쉬 교수의 레시피에 얽매이지 않으면 더욱 좋은 것을 만들 수 있다고 내게 조언했다. 향 세계 프로들 실력은 역시 대단하다는 사실을 새삼 절감했다.

가장 커피스러운 향 성분 : 2-푸르푸릴티올

자, 이제 커피 향 성분에 관해 몇 가지를 개별적으로 짚어보겠다. 앞서 말했듯 커피 향은 하나의 화합물에 의해 만들어지는 것이 아니라, 많은 성분들의 조합에 의해 나온다. 그들 중 대표적인 한 가지를 들라고 한다면 가장 먼저 언급해야 할 성분이 있으니, 2-푸르푸릴티올furfuryl thiol(2-푸르푸릴메르캅탄furfuryl mercaptan, 이하 FFT)이다(그림 5-4). 커피에 함유된 향 성분을 각각의 단품으로 맡았을 때, 가장 커피에 가까운 이 FFT는 향료업계에서도 커피 향을 합성할 때 주로 이용한다. 커피 이외에도 조리된 쇠고기나 닭고기에서 나는 고소한 향에 관계하는 성분이다. 또 와인의 세계에서 '커피 같은 향'이라는 표현이 종종 등장하는데, 실제로 프랑스 보르도의 레드와인에서는 FFT 성분이 나온다.

FFT는 분자 내에 유황원자(S)를 함유한 '함유화합물' 중 하나이다. 함유화합물에는 계란이나 마늘, 파의 냄새 성분 등 독특한 개성이 있는 냄새가 많으며, 고농도에서 가끔 악취를 내뿜는다. FFT도 저농도에서는 배전한 커피나 커피사탕처럼 달콤한 냄새 또는 구운 고기 냄새를 떠올리지만, 진해지면 연기의 매캐함이나 성냥을 켤 때 나는 유황 냄새와 유사한 안 좋은 냄새가 난다. 유황원자는 식물과 동물의 생체 내에서는 대부분 시스틴과 메티오닌 등 두 종류의 아미노산(함유 아미노산)으로서 존재한다. FFT의 유황원자 이외 원자는 산소원자 하나를 함유한 오원

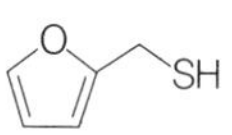

2-푸르푸릴티올

그림 5-4 2-푸르푸릴티올

환五具環(푸란환)으로 구성되지만, 이는 자당(설탕) 등 당류를 가열할 때 생기는 구조이다. 즉 FFT는 함유아미노산과 당류를 가열할 때 만들어지는 향 성분이다.

S를 찾아라

'함유아미노산과 당류에서 만들어진다'는 말이 뭔가 특별하게 들릴지도 모르겠다. 하지만 알고 보면 함유아미노산도 당류도 거의 모든 식품에 함유된 아주 흔한 물질이다. 그런데 다른 식품을 가열해도 FFT 같은 '커피 향'은 나오지 않는다. 왜 그럴까.

그 비밀은 생두의 아미노산 조성에 있다. 식품 속 단백질과 펩타이드를 아미노산까지 분해해 그 모든 아미노산을 구성하는 개개의 아미노산 비율을 비교해보니 다른 식품에 비해 커피 생두에서 함유아미노산이 차지하는 비율이 매우 높게 나왔다. 중량당 함유아미노산은 오히려 대두 같은 일반 콩류가 훨씬 많지만, 그 외 아미노산 역시 많기 때문에 배전하면 다른 아미노산에서 만들어지는 향 성분 피라진류 등에 가려 FFT는 그 기세를 못 펴는 것이다. 그러니까 커피 생두에 함유아미노산 비율이 매우 높다는 사실이야말로 '가장 커피다운' FFT 향이 강하게 나타나는 이유이다.

그러면 왜 커피에는 함유아미노산이 많은 것일까. 앞서 말한 아미노산 분석을 단백질을 분해하기 전의 생두로 할 때는 함유아미노산이 검출되지 않는다. 생두에서는 그저 단백질 상태로 존

재하는 것이다. 생두 단백질의 대부분을 차지하는 종자저장種子
貯藏 단백질에도 함유含硫아미노산은 거의 함유含有되어 있지 않
다. 그 출처를 밝힌 것이 드레스덴공과대학교 에버헐트 루드비히
교수팀이다. 그들은 시스테인systeine의 비율이 매우 높은, 분자량
4,000~10,000의 작은 단백질(펩타이드)을 여러 종류 발견해 '커피
펩타이드'라고 이름 붙였다. 이를 자당과 함께 가열하면 커피 향이
나온다는 것이다.

이 펩타이드는 '시스테인 프로테아제 저해 단백질'이라는 단백질
의 일종이라고 알려져 있다. 이들 단백질 중에는 곤충의 소화관과
만나면 독성을 나타내는 것이 많다. 실제로 옥수수의 단백질은 코
끼리벌레 등에 의한 종자 피해를 막는 작용을 한다는 게 널리 알려
져 있다. 커피펩타이드 역시 해충으로부터 종자를 보호하기 위해
커피 스스로 획득한 무기 중 하나일지 모른다.

또 하나의 배전 향과 생감자취 문제 : 피라진류

FFT에 이어 커피 향에 기여도가 높은 성분은 아마도 피라진류일
것이다. 커피에 함유된 피라진류는 알킬피라진류alkylpyrazines와 메
톡시피라진류methoxypyrazines로 크게 나뉘는데, 특히 중요한 것이 알
킬피라진류이다. 알킬피라진류는 아미노산과 당류에 의한 메일라
드 반응으로 생성되는 향 성분으로 고기나 생선, 야채 등을 구울
때 만들어지는 향과 초콜릿이나 카카오빈의 향, 볶은 너트의 고소

한 향의 본체이기도 하다. 이 외에도 된장이나 간장의 향이나 부엽토에서 느껴지는 흙냄새에도 이 화합물이 관여한다. 커피에서는 배전 과정에서 생성되는 고소한 '배전 향'의 일부로, 커피다운 배전 향을 FFT라고 한다면 다른 식품과 유사한 구운 향이 알킬피라진류이다.

메일라드 반응에서는 산성보다 알카리성일 때 피라진류가 생성되기 쉽다. 따라서 자당 함유량이 적어 배전 중 생성되는 유기산이 적은 로부스타에서 아라비카종보다 많은 알킬피라진류가 생성되는 경향이 있다. 또 앞서 기술했듯이 FFT는 시스테인 비율이 높은 커피펩타이드와 당류에서 생성되지만, 로부스타종에는 자당이 적을 뿐 아니라 커피펩타이드의 시스테인 비율이 아라비카보다 낮다. 실제로 로부스타종을 아라비카종과 비교할 때 향 전체를 차지하는 알킬피라진류의 비율이 높다. 이 밸런스의 차이가 '로부스타취'라고 불리는 독특한 흙냄새의 원인 중 하나인 듯하다.

한편 같은 피라진류 중 메톡시피라진에는 피망이나 생감자, 콩류 등을 연상시키는 풋내와 흙냄새가 있다. 메톡시피라진류의 양은 배전해도 그다지 달라지지 않지만, 배전한 후에는 다른 향에 감추어져 잘 드러나지 않는다. 단 르완다 등 중앙아프리카의 커피 중에는 가끔 이 냄새가 매우 강한 콩이 혼입되는 경우가 있다. 한두 알만 섞여도 커피 전체에 생감자의 아리고 자극적인 맛과 유사한 이질적 냄새가 배어들어 '포테이토취'Potato Taste Defect, PTD'(생감자취)라고 부르고, 이 향으로 인해 현지에서는 매우 심각하게 고민을 한다.

생감자취의 원인은 명확하게 규명되지 않았지만, 그 지역에 많은 '안테스티아 antestiopsis'라는 노린재(그림 5-5)에 의한 피해와 밀접하게 연관돼 있다고 보고된다. 이 노린재는 커피 열매를 촉

그림 5-5 커피 열매에 피해를 주는 노린재

수로 찔러 즙을 빨아먹는 해충인데, 이때 타액을 통해 어떤 종류의 세균이 침투하고 그것이 열매 내부 콩 표면에서 증식해 이상 발효를 일으키며 메톡시피라진을 만든 것이라고 보고 있다.

가장 골치아픈 점은, 생감자취가 나는 콩과 그렇지 않은 콩을 구분할 수 없다는 것이다. 노린재는 과즙을 먹기 때문에 생두에는 거의 상처를 내지 않는다. 설령 얼마간 상처가 나더라도 두 알 들어있는 생두의 다른 한쪽에는 전혀 드러나지 않는다는 게 문제다. 현재 가장 효율적인 대책으로는 노린재 방제 및 병충해를 입은 과일을 수확할 때 배제시키는 것인데, 현실적으로 혼입을 완벽하게 막는 것은 불가능에 가깝다. 르완다 커피는 고품질로 평가돼 전 세계 많은 커피인들의 사랑을 받는다. "생감자취만 없다면…." 많은 관계자들이 아쉬워하는 것도 이 때문이다. 하루라도 빨리 해결책을 마련할 수 있기를 기대한다.

개성 있는 명품 조연 : 알데히드류와 케톤류

메일라드 반응에서는 피라진 이외에도 많은 향 성분이 생성된다. 그 중에서 커피에 독특한 영향을 주는 것이 알데히드류와 케톤류이다. 각종 과일과 카카오, 몰트와 유제품 등에 함유된 이소길초산알데히드Iso-valeric acid aldehyde 등의 단쇄알데히드short chain aldehyde와 디아세틸diacetyl 등의 디케톤diketone(분자 내 케토기keto基를 2개 가진화합물)이 커피에서도 발견되었다. 커피의 컵테이스터들 사이에서 '농익은 과일' '초콜릿 같은' 등은 자주 사용되는 대표적 표현이다. 흥미롭게도 이들과 동일한 성분이 커피에도 들어있는 것이다.

사실 화합물 단독으로 존재할 경우 단쇄알데히드는 쉰내 비슷한 땀냄새를, 디케톤은 기름기가 많은 듯한 체취를 연상시켜서, 아무리 돌려 말해도 좋은 냄새라고 할 수가 없다. 다만 초콜릿이나 과일 향의 중요한 성분일지언정 단독으로 존재하지 않기 때문에 이런 악취가 나지는 않는다. 가령 초콜릿에는 알데히드류 외에 앞서 말한 피라진류가 향의 중핵을 담당하고, 여러 과일에도 각각의 고유한 향 성분과 공존한다. 알데히드류와 케톤류의 냄새는 생두를 고온다습한 곳에 보관했을 때나 배전 시 설볶였을 때 나는 '시큼한 쉰내'와도 일맥상통하기 때문에, 특히 배전을 일상적으로 하는 사람들 중에는 싫은 냄새로 여기는 이가 많은 것 같다.

그러나 이것들이 아예 존재하지 않느냐, 적당량 존재하느냐에 따라 향의 인상은 완전히 달라진다. 비슷한 예로 저 유명한 향수인 샤넬 No.5 역시 개발 당시 향수업계 상식으로는 도저히 생각할 수 없는 다종다양한 알데히드류를 배합한 것이었다. 커피 향도 이와 비슷하다. 알데히드류와 케톤류가 다른 향 성분과 섞이면서 고급 초콜릿에서 나는 중후함과 완숙한 과일의 관능적인 향이 감도는, 그야말로 입체감 있는 '생생함'이 탄생하는 것이다.

스모키한 강배전의 향 : 페놀류

일본의 오래된 로스터리숍 중에는 놀랄 정도로 강하게 볶고 단걸 도 많은 인기 가게들이 적잖다. 정도를 지나치면 단순히 탄내만 나 기 십상인데, 잘 볶은 강배전은 숙성시키면 위스키를 연상시키는 스모키한 향이 난다. 약배전이나 중배전과는 또 다른, 각별한 매력 을 지닌 '강배전의 세계'가 펼쳐지는 것이다.

한마디로 '위스키의 스모키 향'이라고 말했지만, 커피도 위스키 도 여러 종류가 있다. 그 중에서도 가장 유명한 것을 하나 들라면 스카치위스키의 특징인 '피트 향'일 것이다. 원료가 되는 맥아를 건 조시킬 때 연료로 사용하는 피트(이탄)에서 피어나는 연기가 스카 치 특유의 스모키 플레이버를 만드는데, 그 향의 정체는 페놀류(페 놀, 크레졸, 구아야콜 등)라고 밝혀진 바 있다. 커피에서도 배전이 진 행되면 페놀류가 생성된다. 그 향은 흔히 나무, 스파이스, 약품취, 연기 등에 비유된다. 그러나 내게 가장 와닿는 비유는 지사제로 쓰 이는 '정로환' 냄새이다.

정로환 약효 성분은 '나무 크레오소트wood creosote'라는 항균물질로, 목탄을 만드는 '숯구이'의 부산물에서 얻는다. 목재를 산결 상태로 가열(건류)하면, 탄소분만큼 타고 남은 목탄이 만들어지며 액체 부산물이 흘러내린다. 이것을 기름 상태의 나무 타르와 물 상태의 목초액으로 분리한 후, 나무 타르를 증류하면 나무 크레오소트가 된다. 주성분은 나무 세포벽에 대량으로 함유된 폴리페놀 리그닌이 열분해하면서 만들어진 페놀류이다. 또 피트는 습지에 퇴적된 식물 유해가 석탄화하는 과정에서 산결 상태로 된 하층에 탄화가 진행되고, 이때 리그닌이 분해되면서 만들어진 페놀류를 불순물로 많이 함유하고 있다. 한편 커피 생두는 리그닌은 적지만 폴리페놀인 클로로겐산을 많이 함유한다. 원두를 배전할 때 콩 내부는 연소하면서 산소가 소비되고, 강배전으로 진행되면 산결 상태로 변한다. 그 과정에서 클로로겐산이 열분해되어 페놀류를 만들어낸다. 이렇게 보면 폴리페놀이 산결 상태에서 분해된다는 공통분모가 있고, 거기에서 공통적인 향이 만들어지는 것을 알 수 있다.

커피에 함유된 페놀류에는 또 하나의 흥미로운 성분이 들어있다. 바닐라의 향 성분인 바닐린vanillin이다. 바닐린은 '정로환의 냄새'인 구아야콜에 알데히드기-CHO가 하나 붙어있는 구조다. 이 하나의 차이가 전혀 다른 달콤한 바닐라 향을 느끼게 해준다. 사람의 후각이란 정말 신기할 따름이다. 바닐린은 매우 달콤한 향이 나지만 미각으로서는 '단맛'이 아니다. 어릴 적 달콤한 향에 끌려 바닐라 에센스를 몰래 '훔쳐' 핥아먹은 적이 있다. 찌릿찌릿한 자극성에 맵고 쓴 이상한 맛이 나서 엄청 후회를 했었다. 어른이 되어 미각에 관한 문헌을 읽으며 바닐린에는 캡사이신과 동일하게 온각수용체와 반응하는 구조가 있다는 사실을 알고는 그때의 맛이 이것 때문이었구나, 비로소 납득했다.

커피의 단맛? : 프라논류

일본에서도 스페셜티 커피라는 이름이 널리 알려지면서, 양질의 약배전과 중배전 커피를 마실 기회가 많아졌다. 이들 커피에서 설탕을 불에 직접 녹인 듯 달달한 향을 느낀 적 없는가? 그 정체가 바로 프라논류이다. 달콤한 인상에 걸맞게 당류가 가열되면서 만들어지는 성분이다. 커피에 함유된 대표적인 프라논류에는 프라네어 planear(필라메니히 사의 상품명)와 소트론sotron 두 종류가 있다. 프라네어는 스트로베리 프라논 혹은 파인애플 케톤이라고도 불리는, 딸기나 파인애플의 달콤한 향의 주역이다. 가열한 설탕이 녹아내릴 때의 달콤한 향이 그 특징이며, 개인적으로 생각하기에 '솜사탕 같은'이라는 표현이 제일 잘 맞는 듯하다. 다른 하나인 소트론은 캐러멜프라논이라는 별명으로도 불리며, 캐러멜과 메이플시럽 같은 달콤한 향이 난다. 프라네어보다 가열을 조금 더 한 설탕을 연상시키는 스파이시함이 있으며, 진해지면 카레가루처럼 느껴지기도 한다.

커피를 마시는 사람들 사이에서는 간혹 '커피의 단맛'이 화제에 오른다. 특히 스페셜티 커피를 많이 마시는 사람들은 이런 태운 설탕 같은 향의 커피를 '달다' '뒷맛이 달다'라고 표현한다. 실은 원래 생두에 함유된 자당의 양은 적은 데다 약배전 시점에서 이미 열분해되어 '(미각으로서의) 단맛'을 느낄 만큼의 농도는 남아있지 않다. 그 외 단맛 성분도 커피에서는 발견되지 않으니, '커피의 단맛'이 실제 존재하는지에 대해 오랫동안 의문부호가 붙었다. 그러나 프라논류에 의한 '(풍미로서의) 단맛'이라고 생각한다면 설명이 가능해진다. 프라논류는 식품에 단 풍미를 주는 착향료로 애용되며, 물에 섞어서 입에 넣어보면 확실히 단맛이 난다. 그러나 이때 공기가 코로 빠져나가지 않도록 코를 막으면 단향이 없어진다. 프라논류도 바닐린처럼 미각으로서의 '단맛'은 갖지 못하는 성분으로, 구중향으로서 코를 빠져나갈 때 단 향이 공감각을 일으켜 종합적인 풍미로서 '단맛'을 느끼게 하는 것이다. 프라논류는 중배전 부근을 정점으로 해서 강배전으로 갈수록 감소하고, 이 감소폭은 실제 단맛의 변화와 일치한다.

단 커피의 단맛은 약~중배전에서만 나는 것은 아닌 듯하다. 일본에서 오래 전부터 이용되던 강배전 융 드립파 사이에서도 '좋은 커피에는 단맛이 있다'는 이야기가 많이 전해진다. 실제로 내가 마셔본, 정성스럽게 융 드립한 강배전 커피에서도 단맛 같은 것을 느낀 적인 여러 번이다.

이 '강배전 단맛'을 확인해보고 싶은 사람들이, 2013년에 아쉽게도 문을 닫은 다이보 커피점에 모인 적이 있다. 10명 규모 소모임이었는데 참가자들은 가게 주인인 다이보 씨가 배전하고 추출한 커피에서 단맛을 느낀다고 말했다. 나도 그 중 한 사람인데, 익숙한 단맛이 혀의 안쪽 깊숙한 곳에서 천천히 그러나 분명하게 느껴지던 것을 기억한다. 그때 느낀 단맛의 정체가 무엇이었는지는 모른다. 중배전에서 느껴지는 탄 설탕 같은 단맛과는 다른 단맛이었다. 또 그 커피가 아주 강한 배전의 커피였기 때문에 이를 프라논류로 설명하는 것도 무리가 따를 것이다. 이를 대신할 후보로는, 강배전에도 양이 많은 바닐린을 들 수 있겠지만 그 양이 어느 정도 였는지 확인할 길은 없다. 또 (다이보 씨에게는 실례가 될 수 있지만) 한 가지 덧붙이자면, 도중에 코를 막았는데도 불구하고 여전히 혀 안쪽에 단맛이 남아있었던 것 같다. 명확하게 짚을 수는 없지만, 강배전 융 드립에서 느껴지는 단맛에는 향 이외의 무언가가 관계하고 있는 듯하다.

레몬 향이 나는 커피 : 리날로올과 모노테르펜류

몇 년 전 커피업계에 혜성처럼 나타난 품종이 있다. 그 이름은 '게이샤.' 2004년 파나마에서 열린 커핑 콘테스트 '베스트 오브 파나마'에 출품된 품종이 당당히 1위를 차지해 역사상 최고 가격을 경신하며 파운드당 21달러, 통상 거래가의 20배 넘는 가격에 낙찰되었다. 이를 계기로 전 세계 커피 생산자들이 주목하는 고급 품종으로 부상했고, 지금은 세계 각국에서 게이샤를 재배하고 있다.

이 품종의 최대 특징은 '게이샤 플레이버'라고 불리는 독특한 향에 있다. 상급 게이샤는 약~중배전일 때 '레몬이나 오렌지 또는 홍차 같은'이라고 형용되는, 감귤계의 방향芳香을 띤다.

왜 게이샤에서만 이런 특이한 향이 나는 것일까? 이 품종의 역사와 밀접한 관계가 있다. 게이샤는 본래 1930년 초 에티오피아 서남부의 게이샤라는 마을에서 발견된 품종이다. 그 후 케냐와 탄자니아, 코스타리카를 거쳐 1963년 파나마 돈파치 농원의 프란시스코 세라친 씨가 묘목을 입수해 자신의 밭에 심고, 근방 사람들에게도 나눠주었다. 그 후 파나마에서는 수확량이 적다는 이유로 대부분 다른 품종으로 교체했는데, 밭 귀퉁이 작업하기 어려운 경사면에 남아있던 나무에서 수확한 커피를 콘테스트에 출품했더니…! 라는 신데렐라 스토리가 전해진다. 즉 게이샤는 티피카나 부르봉과는 다른 루트로 전해졌지만, 에티오피아 야생 품종에서 유래한 것이다. 에티오피아 야생종에는 다종다양한 유전자적 특성을 지닌 것들이 많기 때문에 성분 조성에 차이가 있다고 해도 그다지 이상한 일은 아니다.

게이샤의 향 성분은 아직까지 연구된 바가 없다. 따라서 그 정체가 대체 무엇인지 규명되지도 않았다. 다만 지금까지 발견된 것들 중 후보 물질이 존재하기는 한다. 그 중에서 비교적 많이 함유된 것이 리날로올linalool. 약간 특이한 감귤계 향으로 얼그레이 홍차의 착향에 사용되는 베르가못 같은 감귤류 향의 주체가 되는 성분이다. 이밖에도 커피에는 리모넨, β-미르신myrcene 등 오렌지나 레몬의 향 성분도 미량 함유되어 있다. 이는 모두 모노테르펜monoterpen이라는 화합물 그룹에 속한다.

게이샤의 향이 정말 모노테르펜류에 의한 것인지 분명하지는 않지만, 그렇게 가정하면 여러 가지 면에서 납득이 가능해진다. 예를 들어 게이샤 향은 배전 도중 사라지기 쉬운데, 이는 모노테르펜 류의 높은 휘발성 때문이라고 설명이 가능하다. 또 모노테르펜류 를 향 성분으로 하는 귤의 무리는 품종과 재배조건에 따라 정유精油 의 성분 조성이 크게 달라지고, 향이 변동하기 쉽다는 사실이 널리 알려져 있다. 게이샤 역시 향이 변하기 쉽고, 같은 품종이라도 생 산 지역에 따라 향이 달라져 어떤 것은 게이샤다운 향이 거의 나지 않기도 한다. 그 향의 본체를 특정할 수만 있다면 양질의 게이샤가 더 많이 나올 수 있을지도 모르겠다.

케냐에 담긴 카시스의 향 : 3-메르캅토-3-메틸부틸포르메트

커피 향에는 FFT 외에도 몇 종류의 함유화합물含硫化合物이 함유되 어 있다. 그 중 중요성 면에서는 FFT에 당할 수 없지만, 아주 흥미 로운 성분이 있다. 3-메르캅토-3-메틸부틸포르메트MMBF라고 하 는 성가신 이름의 화합물이 바로 그것이다. 카시스(블랙커런트)의 대표적인 성분으로 과일 향들 가운데 특이한 자극성을 지닌 향이 다. 진할 경우 동물의 몸에서 나는 냄새와 유사해지는 이 성분은, 프랑스 보르도 와인을 대표하는 화이트와인용 포도 소비뇽 블랑 에서 느껴지는 '고양이 오줌' 같은 냄새 성분 중 하나라고 알려져 있다.

커피 향 표현에서 '고양이 오줌'이란 말은 들어본 적 없지만 '카시 스'는 케냐 고지대 아라비카에서 종종 나는 향이다. 케냐산 생두 성분표에는 다른 산지와는 다른 특징 몇 가지가 들어있다. MMBF는 프레닐알코올prenylalcohol이라는 정유 성분과 함유아미노산, 그리고 자당의 가열분해로 만들어지는 포름산formic acid 등 세 가지 성분이 배전 중에 반응하여 생성된다.

케냐산 커피에는 함유아미노산의 근원이 되는 커피펩타이드가 다른 산지보다 1.5배 정도 함유되어 있다. 또 정유와 자당은 기온이 낮아서 과일이 서서히 익어가는 고지대 농원일수록 많이 축적된다. 이를 토대로 생각해보면 케냐 고지대산에는 MMBF가 많아지는 조건이 갖춰졌다고 할 수 있다. 유기산 조성 면에서도 케냐는 사과산 비율이 높아 날카로운 산미가 나오기 쉽다. 이런 점도 케냐산에서 두드러지는 과일 풍미에 영향을 주는 요인일 것이다.

케냐산 커피 특유의 함유아미노산 함유량과 유기산 조성 차이가 어디에서 유래하는지 명확히 알 수는 없다. 단 케냐에서 커피가 재배되는 지역은 다른 생산지보다 비가 적은 독특한 기후이다. 이 때문에 내건성耐乾性이 뛰어난 독자 품종이 재배되고, 그 중에서 SL28과 SL34라는 프랜치미션 부르봉에서 선발·육종된 품종이 고급으로 알려져 있다. 또 어느 회사 관계자에게 들은 이야기로는 케냐 안에서도 특별히 더 좋은 커피가 생산되는 키쿠유족 사람들의 토지에 철분이 매우 많다고 한다.

이러한 품종과 기후, 토양의 특수성이 어떤 영향을 미치는지는 아직 명확히 밝혀지지 않았지만, 이를 해명한다면 카시스 향의 근원에 대한 힌트도 얻을 수 있을 것이다.

'모카 향'의 수수께끼

수많은 커피들 중 가장 오래된 브랜드라고 할 수 있는 '모카'는, '커피 룸바' 같은 대중가요에도 등장하면서 많은 사람에게 친근한 이름 중 하나로 자리매김했다. 다른 산지에 비하면 알이 작고 균일하지도 않아 소위 결점두가 많지만, 눈으로 보는 것으로는 상상할 수 없는 기품 있는 향과 뛰어난 산미, 깊이 있는 맛을 지닌다. 여러 면에서 대체할 커피가 없을 정도로, 모카는 오랫동안 사랑받는 커피의 대명사다. '모카 향'이라고 불리는 모카만의 독특한 향은 19세기의 문헌에도 이미 그 이름이 등장한다. 구체적으로 어떤 향인지 물어보면 한 마디로 표현하기가 어렵지만 많은 의견을 종합해보면 '기품이 있고, 과일이나 와인, 스파이스 같은 발효감을 동반한 향'이라고 정의할 수 있겠다. 모카 향의 정체는 무엇일까? 이 내용을 다룬 논문은 이미 여러 개 나왔다. 또 예멘 모카마타리에 발효계 향이 있는 디아세틸이 많다는 사실 및 에티오피아 모카에서 로즈베리와 같은 향기 물질인 로즈베리케톤이 발견되었음은 이미 알려진 바 있다. 단 모카에서 느껴지는 와인 같은 풍부한 향은 그것들만으로 설명할 수 없다는 생각이 솔직히 든다.

그런 어느 날, 커피를 좋아하는 지인으로부터 특이한 가게가 있다는 소식을 들었다. 모카의 고향 예멘은 지금도 부족사회의 색이 짙고 정세가 불안한 나라이다. 일본으로 수입되는 원두는 대부분 현지 무역업자와 밀접한 관계를 쌓아온 상사를 경유하는데, 이 가게는 예멘인 주인이 현지 생산자로부터 직접 사온 커피를 여러 종류 팔고 있다고 했다. 곧바로 그곳을 찾아가 여러 가지 커피를 마셨다. 어떤 커피에서든 레드와인이나 잘 익은 과일에서 나는 발효계의 단향을 응축시킨 듯, 매우 명확한 향이 느껴졌다. 그 향을 말로 표현하자면 지금까지 마셔본 예멘 모카에서 모카 향만 모두 모아 응축할 수 있다면 바로 이런 향이지 않을까 하는, 또렷하고 분명한 향이었다.

'이 향의 정체는 대체 무엇일까?' 집으로 돌아가는 동안 내 머릿속에는 오래 전부터 맴돌던 어떤 생각이 떠올랐다. 모카 향과 어떤 향의 공통점에 대해서였다. 배전 전의 생두에는 가끔 '발효두'라고 불리는 결점두가 섞여있다. 특히 습식정제에서 잘 나타나는 발효두는 수조에 담그는 시간이 너무 길거나 사용하는 물이 깨끗하지 않아 발효가 너무 진행되었을 때 생긴다. 발효두는 이취나 시큼함의 원인이 되기 때문에 제거하지 않으면 안 된다. 그 중에서도 육안으로 분별이 불가능하지만 '단 한 알만으로 50g의 커피를 못 쓰게 만들 만큼' 강력한 이취를 지닌 발효취두, 일명 스팅커stinker는 매우 골치 아픈 녀석이다. 이 발효취의 원인은 이소길초산에틸iso-valeric-ethyl. 3-MBEE 등의 에스테르화합물이라고 보인다. 푹 익은 과일과 와인, 꽃 등을 연상시키는 달콤한 향을 가진 성분으로 응축된 모카에서 나는 냄새와 매우 유사하다.

'모카 향의 정체가 발효취와 같은 성분은 아닐까.' 앞서 설명했듯 모카 향의 특징에는 '발효'라는 키워드가 따라붙는다. 게다가 모카는 배전 전에 핸드피크(결점두 제거)를 너무 많이 해버리면 그 특징이 사라진다는 이야기가 예전부터 돌기도 했으니, 나의 이 가설과

맞아떨어지기도 했다. 다만 높은 평가를 받는 모카 향이 배제해야 할 결점두의 향과 같다는 가설이 왠지 썩 마음에 들지 않았다. 좀 더 명확한 증거는 없을까.

세계적으로 피어나게 된 모카의 향

그런데 생각지도 않은 곳에서 실마리를 찾게 되었다. 2012년 5월, 이전부터 교류하던 카페 바흐의 타구치 씨로부터 파나마커피 시음 회를 개최하니 참가하지 않겠냐는 제안을 받았다. 그 무렵 파나마 는 이미 게이샤의 명성으로 유명해졌지만, 생산자들은 한 발 더 나 아가 정제법이 다른 게이샤를 만드는 도전을 하고 있었다. 그래서 그들과 친교가 있는 타구치 씨가 비교 시음회를 기획한 것이다. 그 날 '파나마 게이샤의 아버지'로 알려진 세라친 씨의 돈파치 농원과 2004년까지 시장 최고가격을 기록한 에스메랄다 농원 등 총 6개의 농원으로부터 건식, 습식, 반수세식 등 각각 다른 정제법으로 생산 한 게이샤 총 아홉 종류를 제공받아 커피 관계자는 물론 프랑스요 리 연구가와 와인 프로, 음식 전문지 편집장까지 여러 분야 사람들 이 모여 각자의 의견을 교환하는 자리가 마련되었다.

이때 시음한 아홉 종류의 게이샤는 그 어느 것도 뒤지지 않는 훌 륭함을 간직했지만, 그 중 나의 흥미를 강하게 끌었던 것은 돈파치 농원의 습식과 건식 정제 방법에 의한 맛 차이였다. 물론 둘 다 뛰 어난 게이샤 향을 간직하고 있었다. 다만 습식이 레몬 같은 새콤한 풍미인데 반해, 건식에서는 모카 향 특유의 달콤한 발효계 향이 가미된 게 또렷하게 느껴졌다. 순간 발효취인가 의심도 했지만 한 부분에서만 나는 게 아니었다. 전체적으로 프루티한 와인 향을 띠는 데다 게이샤 특유의 감귤 향이 더해지면서, 잘 익은 오렌지를 연상시키는 보다 복합적인 풍미를 만들어냈다. 같은 농원의 같은 품종을 정제법만 달리해 비교하는 것이기 때문에 이 향이 건식 정제에 의해 생겨난 특징이라는 점은 분명했다. 그 후 두 개의 배전 원두를 시험적으로 향기 분석해본 결과, 돈파치 게이샤의 건식에는 발효두의 단향 성분인 이소길초산에틸이 습식의 4배 가까이 함유되었음을 알아냈다.

확실한 건 모카의 고향인 예멘도, 에티오피아도 건식 정제가 주류를 이룬다. 그러나 같은 건식임에도 브라질의 커피에서는 모카 향이 나지 않는다. 도대체 왜 그런 걸까? 실은 같은 건식이라도 브라질과 모카는 방향성이 조금 다르다. 브라질에서는 수확한 열매를 파티오라고 불리는 건조장에서 천일건조하지만 그 속도가 생산성을 좌우하기 때문에 광활한 토지에 넓게 펼쳐서 단시간에 여러 번 뒤집어주며 말린다. 통상 일주일 이내에 건조한 콩은 즉시 다음 공정으로 넘겨져 자동화 대량생산 과정을 거치는 식으로 발전해왔다. 한편 예멘에서는 생산자들이 자기 집 지붕에 펼쳐서 건조시키는 게 일반적이다. 다만 지붕의 넓이가 충분하지 않아서 열매는 여러 겹으로 쌓인 채 건조된다. 이로 인해 많은 시간이 소요되고, 건조 상태도 균일하지 않다. 특히 아래에 쌓여있던 열매에 과발효가 진행되기 십상이다. 이런 방식은 생산효율이 떨어지고 품질도 저하되기 때문에 브라질에서는 금기시되어 왔다. 에티오피아 역시 건조 방식을 근대화해 습식이 도입된 지역이 있지만, 소규모 생산자는 예멘의 사정과 그리 다르지 않다. 한편 파나마에서는 아프리칸 베드라고 불리는, 통풍이 잘 되는 근대식 건조대를 만들어 사용하는 건식 정제를 하지만, 수확기에 비가 많이 내리는 기후대라 건조에 시간이 많이 걸릴 수밖에 없다. 이것이 모카 같은 발효계의 향미를 만들어내는 듯하다.

커피는 발효식품

이렇게 보면 정제 중 생겨난 발효가 커피 향미에 의외로 큰 영향을 끼친다는 사실을 알 수 있다. 습식과 건식에 따라 약간 차이가 생기지만 발효가 점점 진행되며 각종 미생물이 증식해 집단을 형성하고, 향미의 원천이 되는 성분을 만들어내는 것이다.

습식에서 발효의 주체가 되는 것은 물속 상재균常在菌들이다(그림 5-6). 우선 펙틴 분해균이 펙틴을 작은 당류로 분해한 뒤 그 당류를 영양분으로 한 유산발효균과 효모가 증식되고, 각각의 유산과 초산 등 유기산과 알코올류가 생성된다. 여기서 유기산과 알코올의 양이 증가하면 이들이 결합하여 에스테르류가 생성된다. 습식 정제에서는 이렇게 만들어진 성분이 수조 안에서 옅어지기 때문에 플로랄(꽃 향의 느낌)하면서 프루티한 향이 생두에 은근하게 배어든다. 또 생두는 원래부터 함유한 포도당 등 단당류가 수중미생물에

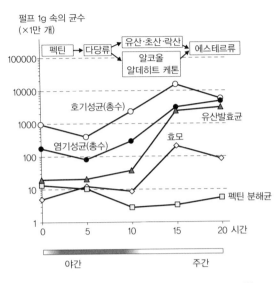

펄프 1g 속의 균수
(×1만 개)

그림 5-6 습식에서 균들의 변화. Avallone(2001)에서 인용, 일부 변형.

의해 소비되기 때문에 그 양이 줄어들어 맛이 연해지는 경향도 보

인다. 그런데 특히 수온이 높은 상태에서 발효가 장시간 진행되면

에스테르류가 증가해 발효취가 생겨난다. 물이 깨끗하지 않을 때

도 불쾌한 냄새와 산미를 동반하는 락산(부틸산)을 생성하는 락산

발효균이 증가해 결점두가 나오게 된다.

건식의 경우, 과일 자체가 가진 효소에 의해 추열追熱 발효되면

서 열매 표면에 부착돼있던 아포형성균芽胞形成菌과 유산균 등 세균

에 의해 발효가 시작되고, 그 후 효모와 사상균絲狀菌(곰팡이)이 증

식한다(그림 5-7). 발효 진행은 열매의 건조 속도와 밀접하다. 수분

이 없어지면 세균과 효모의 증식도 저하된다. 발효계 향의 원천이

되는 성분은 주로 세균과 효모에 의해 만들어지기 때문에 신속하

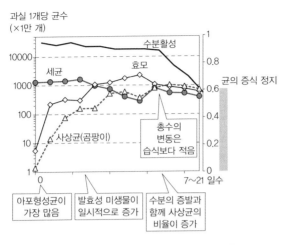

과실 1개당 균수
(×1만 개)

그림 5-7 건식에서 균들의 변화 silva(2008)에서 인용. 일부 변형.

게 건조할수록 생성량은 적고, 천천히 건조할수록 발효감이 강한 향미가 생긴다. 이에 비해 사상균은 건조에 강하고 수분이 감소해도 상대적으로 그 비율이 늘어나지만, 더 건조시키면 증식은 정지한다. 건식으로 열매를 건조하면 열매 안 성분이 농축돼 그 일부가 생두로 옮겨가기 때문에 습식보다 깊이가 있는, 농후한 맛이 우러난다.

사상균은 열매에 어떤 유익도 가져다주지 못하는 것 같다. 특히 지면에서 직접 말릴 경우 흙의 곰팡이가 옮겨붙어 이상 증식하면 메톡시피라진(흙냄새), 지오스민geosmin(비온 뒤 땅 냄새), 메틸이소보르네올methyl isoborneol(곰팡이 냄새) 등을 만들어 불쾌한 냄새의 원인이 된다. 와인의 세계에서 '부쇼네'나 코르크취라는 불쾌한 냄새가 1990년대 콜롬비아에서 발생해 '페놀취 문제'라고 불리었는데, 그 주요 원인도 곰팡이였다. 토양의 곰팡이가 환경 속에서 염소계 방부제를 대사하여 만들어내는 트리크로로페놀TCP과 트리크로로아니솔TCA이 원인물질로서 지목됐다. 또 오크라톡신ochratoxinA 등 곰팡이 독은 식품 안전 측면에서도 문제가 된다.

이처럼 정도의 차이는 있지만 커피 정제과정에서는 여러 종류의 미생물에 의한 발효가 일어나고, 커피의 맛과 향과 품질에 영향을 미친다. 발효두와 곰팡이두. 이전에는 그 나쁜 면만이 부각되었지만, 최근에는 그 좋은 면에도 관심이 모아지는 추세다.

발효를 컨트롤하다

정제과정에서 일어나는 발효에 대한 관점은 언제부터 바뀌기 시작했을까. 큰 전환기가 된 것은 2010년 커피 연구가 케네스 데이비드가 〈커피 리뷰〉에 기고한 몇 건의 기사였다. 그는 강배전 만델린이 지닌 신비한 향의 비밀에 이끌렸던 사람 중 하나로, 산지에서 사용되는 반수세식 정제법인 '수마트라식'이 옅은 발효취를 만드는 주요인이라는 설을 발표했다. 그리고 같은 해, 에티오피아와 중미 지역 일부에서 생산되어 브랜디 및 와인과 유사한 발효계 향을 내는 건식 정제 커피를 그가 '뉴내추럴new-natural'이라는 새로운 이름으로 소개하면서 사람들의 관심이 쏠렸다. 앞서 말한 파나마 사례도 이에 영향받은 사람들이 새로운 정제법을 시도한 결과였다. 이와 함께 데이비드는 2012년 '허니 프로세스'라는 이름으로 불리는 중미의 새로운 반수세식도 소개했다. 1980년대 브라질에서 성행했던 반수세식은, 당시 높게 평가되던 습식의 향미에 가깝게 하기 위해 과육과 점액질을 가능한 한 제거한 후 건식 정제하는 방법을 일컫는다. 한편 중미에서는 이때 제거하는 과육의 양과 건조일수를 달리함으로써 향미를 조절하는 방향으로까지 진화했다.

발효와 관련한 미생물균을 컨트롤함으로서 향미를 조절하는 시도는 이제 막 시작되었다고 할 수 있다. 발효 수조의 수질과 습도 등은 이미 관리되었지만, 유산균과 효모 등을 섞어줌으로서 특정 균종이 우세해지는 조건을 만들거나 좋지 않은 환경 조건 하에서 발효를 시켜보는 등 다양한 실험이 현재 진행되고 있다.

더 특이하게는 사향고양이의 장내 세균을 배양해 발효에 이용하는, 즉 커피 루왁과 같은 향미의 고급 커피를 양산하려는 계획도 있다. 모두 시험단계이지만 이보다 앞서 실용화된 것이 일본의 캔커피에 있다. 샴페인 양조용 효모를 이용해 인공적으로 만든 발효취 원두를 적당량 섞어 발효 계통의 향미를 추가한 것이다. 사실 캔커피는 이미 추출한 것을 제품화하기 때문에 생두에 균일하게 발효취를 주입하지 않고도 일정한 품질의 액체를 만들 수 있다. 더 놀라운 것은 무향료임에도 모카 향을 연상케 하는 발효계 향이 풍부하게 우러나는 셈이니, 참으로 기발한 아이디어가 아닐 수 없다.

내가 대학에서 미생물학 강의를 할 때 설명하는 내용 중 하나는 '발효와 부패는 본질적으로 같다'는 것이다. 미생물학상, 이 둘을 명확하게 구분하는 것은 불가능하다. 덧붙여 말하자면 결과물로 생겨나는 것이 사람에게 유용한 경우 '발효'라고, 그렇지 않은 경우

'부패'라고 부른다는 사실 외에 차이는 없다. 또 한 가지 덧붙이면, 관련 미생물의 종류와 진행 정도 등 그 공정을 제대로 컨트롤할 수 있는 경우 '발효'라고 부르는 조건이 된다.

오해가 없도록 분명히 하자. 발효가 재조명되고 있다고 해서 결점두로서 발효두와 발효취두를 그대로 남겨두는 것은 '부패'를 방치하는 것과 같다. 품질관리 측면에서 절대로 허용되지 않는 행위이다. 그런 면에서 최근 커피 정제법의 발전은 바람직한 '발효'를 컨트롤하기 위한 멋진 시도라고 할 수 있다. 생산자가 다양한 향미를 만들어낼 수 있는, 좀 더 맛있는 생두를 만드는 시대가 눈앞에 다가온 것이다.

제6장

COFFEE SCIENCE

배전의 과학

쓴맛과 산미, 각종 향기…. 이들의 원천 성분을 소개했지만, 사실 그 성분 대부분은 생두에 존재하지 않는다. 이들이 만들어지는 과정이 바로 '배전'이다. 커피 향미도 색도 배전 없이는 결코 나오지 않는다. 게다가 향미의 품질을 절대적으로 좌우하기 때문에 대다수 프로들은 배전을 '가장 중요한 공정'으로 꼽는다.

이런 맥락에서 '배전은 과학'이라고 명쾌하게 주장하고 싶지만, 전문가가 아닌 일반인에게는 '배전(로스팅)'이라는 단어 자체가 익숙하지 않다. 커피회사나 로스터리숍에서는 전용 배전기roaster를 사용하지만 생두와 간단한 도구만 있으면 집 부엌에서도 '가정 배전(홈 로스팅)'을 할 수 있다. 따라서 홈 로스팅을 예로 들면서 배전에 담긴 과학을 살펴보겠다.

홈 로스팅을 해보자

한마디로 '홈 로스팅'이라고 했지만, 기구나 방법은 사람마다 다르고 그 과정 및 결과물도 천차만별일 것이다. 여기서는 비교적 일반적인 방법인 수망을 사용한 로스팅 방법을 소개한다.

준비물은 다음과 같다.

- 생두 : 인터넷이나 생두를 파는 곳에 가면 손쉽게 구할 수 있다. 수망의 크기에 따라 다르지만, 1회 사용량은 50~250g 정도가 적당하다. 볶은 이후에는 수분 등이 증발해 10~20%쯤 가벼워진다.
- 수망 : 은행구이 등에 사용되는 손잡이가 있는 금속그물망. 직경 10~25cm로 무겁지 않은 것이 좋다.
- 가스레인지 : 휴대용 가스레인지 등도 이용가능하며 직화 위에서 수망을 흔들어야 하기 때문에 일반적으로 IH 조리기구는 사용할 수 없다. 또 가스레인지 중 과열방지 장치 기능이 있는 기종은 사용할 수 없다.
- 부채나 선풍기 : 볶은 콩을 재빨리 식힐 때 사용한다.
- 기타 : 화상 방지용 장갑과 타이머가 있으면 편리하다.

우선 생두를 한 알 한 알 살피며 곰팡이나 벌레먹은 콩, 변색된 콩이 없는지 확인하고 이물질이 있다면 제거한다(핸드피크).

쉘빈이나 피베리 등 특수한 형태거나 크기가 확연히 다른 것들도 균일하게 로스팅하기 위해서는 제거해주는 편이 좋다. 너무 크거나 너무 작은 콩들이 섞여있으면 균일한 로스팅이 어려워질 수도 있으니, 자신이 마실 커피라면 어디까지 핸드피크를 할 것인지 스스로가 결정하면 좋을 것 같다.

배전 시작

핸드피크가 끝나면 이제 배전(로스팅)에 들어간다. 생두를 수망에 넣고 가스불을 켠다. 불꽃의 크기는 보통 요리할 때 사용하는 가스 레인지 불꽃의 중간 정도. 불꽃의 크기를 사이사이 세심하게 조절하는 방법도 있지만, 나는 처음부터 끝까지 중간불로 수망을 흔드는 높이만 달리하여 '화력'을 조절한다. 여러 방법들 중 취향에 따라 선택하면 된다. 또 실제 화력은 가스 기구나 가스 종류에 따라서도 달라지므로 이제부터 언급하는 수치는 어디까지나 참고자료로 삼기 바란다.

처음부터 강한 화력으로 가열하면 표면만 타버리기 때문에 우선 생두를 데운다는 느낌으로 '중간불의 먼불'로 시작한다. 수망을 불꽃 위 30cm 높이에서 수평을 유지하면서, 안쪽의 생두를 굴리듯 전후좌우로 천천히 흔들어준다. 3분 정도 경과하면 풋내가 나기 시작하면서 '수분 제거' 단계에 들어간다. 수분을 날리는 속도를 높이기 위해 화력을 좀 더 높인다. 수망의 위치를 서서히 낮춰 불꽃에서 25cm 정도 되는 곳에 두고 계속 흔들어준다. 화력이 높아질수록 열이 불균일하게 전달되기 쉬우므로 수망을 흔드는 속도도 함께 높여줘야 한다.

열을 머금은 콩은 조금 부드러워지고, 연해진 콩에서는 수분이 계속 빠져나와 증발한다. 풋내에 약간 달콤한 듯한 향이 섞이기 시작한다. 잠시 후 콩 표면이 건조되면서 실버스킨(체프)이 벗겨져 주변에 심하게 날리는데, 신경 쓰지 말고 계속해서 수망을 흔들어야 한다. 체프가 벗겨지기 전후에 생두가 가지고 있던 수분이 빠지기 시작한다. 표면 수분이 먼저 증발하고 내부의 수분이 표면으로 이동해 증발하는 과정을 반복하기 때문에 콩의 심지 수분까지 잘 빠질 수 있도록 수망의 높이를 서서히 낮추면서 화력을 높여주어야 한다. 급격하게 위치를 낮추면 표면의 수분만 빠져, 겉은 타고 안은 안 익은 상태로 남는다. 이 경우 칼칼하고 아리면서 마시기 힘든 커피가 된다.

너무 신중하게 시간을 끌면 향미가 빠지는 경향이 있지만, 겉은 타고 안은 덜 구워진 것보다는 차라리 낫다. 따라서 불의 정도를 가늠하기 어려운 초보자는 서두르지 말고 신중하게 천천히 해보는 것이 좋다. 배전 시작 6~7분쯤 지나면 불꽃에서부터 20cm 정도까지 낮춘 뒤 그 상태를 유지한다. 점점 수분이 빠져나가며 콩은 조금씩 줄어들고 표면에 주름도 생기기 시작한다.

콩의 크기에 따라 달라지지만 배전 시작부터 9~10분쯤 경과하면 향에서 풋내가 사라지고, 말로 설명하기 조금 어렵지만 콩을 흔드는 손의 감각과 소리가 어딘가 달라진 느낌이 온다. 수분이 충분히 빠져나가 콩이 단단해졌다는 증거다. 여기서부터 본격적으로 '볶는' 단계에 들어간다. 수망을 불꽃에서 10~15cm까지 낮추고 재빠르게 흔들어준다. 향긋하고 고소한 향이 강해지면서 콩이 부풀어 표면의 주름이 펴지고, 12~14분쯤 지나면 '탁' 하며 커피콩이 튀는 소리가 나기 시작한다. '1차 크렉'이라고 불리는 현상이다. 1차 크렉이 시작되면 콩의 변화가 급격해지기 때문에 수망을 조금씩 들어올려 화력을 낮춘다. 이렇게 하면 타이밍을 맞추기도 수월하고 균일하게 골고루 볶을 수 있다.

처음에는 산발적으로 몇 번 튀던 콩들이 이윽고 '타타타타타' 집중적으로 팝핑을 일으키다가 다시 잠잠해진다. 이 시점에서 배전을 멈추면 '약배전'이 된다. 이어서 수망을 흔들면 연기가 조금씩 진해지면서(청백색), 향도 연기 섞인 듯한 냄새로 변한다. 그리고 잠시 후 이번에는 '틱틱'과 비슷하게, 1차 크랙 때보다 조금 높고 작은 소리가 들려온다. 이것이 '2차 크랙'이다. 이 2차 크랙 직전이 '중배전'이며, 2차 크랙이 일어나는 정점이 '중강배전'이다. 여기서 수망을 계속 흔들면 2차 크랙이 모두 끝나고 표면에 기름기가 살짝 도는데, 이 단계가 '강배전'이다.

약배전에서 강배전까지, 자신이 원하는 배전 단계에서 멈춘다. 수망을 불에서 완전 분리해 부채질을 해준다. 가급적이면 빨리 식히는 게 좋다. 그대로 방치하면 육안으로는 알 수 없지만 뜨거운 여열로 콩 중심부가 배전이 진행돼 타버리는 수도 있다. 이렇게 해서 '홈 로스팅 커피'가 완성되었다.

경우에 따라서는 20분 정도 수망을 흔들어야 하기 때문에 어깨가 많이 아픈 작업이다. 그러나 잘만 하면 프로급의 커피를 만들어낼 수 있고, 설령 실패하더라도 즐기기에 충분한 '수제품'이 나온다. 또 커피가 볶아지는 모든 과정을 직접 관찰할 수 있기 때문에 커피에 대한 이해가 깊어진다.

일상에서는 볼 수 없는 '갓 볶은 커피'를 마시고 싶으시다면 꼭 한 번 도전해보기 바란다.

8단계 배전도

현재 일본의 커피 관련 서적을 보면 '커피 배전도는 라이트, 시나몬, 미디엄, 하이, 시티, 풀시티, 프렌치, 이탈리안의 8단계'라고 쓰여있는 책이 대부분이다(표 6-1). 이 8단계 분류는 1920~1930년대 북미의 커피거래상들 사이에서 이용되던 관용적인 명칭을 모은 것으로, 특별한 구분 기준이 있었던 것은 아니다.

일반적으로 배전도는 국가나 지역 별로 일정한 취향과 경향성을 보이는데, 그 당시 세계에서 가장 약배전인 곳이 영국의 라이트 로스트로 1차 크렉 직전에 멈춘 것이었다. 반면 프랑스(프랜치 로스

표 6-1 배전도

1920~1930년대(Ukers)		1970년대~ (타구치씨 外)	2000년대~ (Davids)	배전의 진행
미국	유럽	일본	미국	
라이트	(영국)	약배전 (아메리칸)	시나몬 (라이트)	1차크렉
시나몬	(보스턴)			
미디엄	(서부)		시티 (미디엄)	
하이		중배전	풀시티 (비엔나)	2차크렉
시티	(동부)	중강배전	프렌치 (다크, 에스프레소)	
풀시티	독일			
프렌치	프랑스	강배전		
이탈리안	(남부) (이탈리아) 스칸디나비아 (북유럽)		이탈리안	유지분 표출
			스페니시	

명칭은 지역과 시대에 따라 많은 차이가 난다.

트)는 표면에 기름기가 돌 때까지, 이탈리아(이탈리안 로스트)는 숯에 가까울 만큼 강하게 볶았다고 한다. 독일은 프랑스와 같은 정도였고, 북유럽은 이탈리아보다 강배전이었다. 미국은 지역 차가 커서 보스턴과 서해안은 시나몬이나 라이트, 동부는 약간 강배전인 하이~풀시티, 북부가 가장 강한 배전으로 프랜치 이상이었다고 한다. 참고로 시티 로스트의 '시티'는, 이 배전 정도를 가장 예민하게 즐기던 곳인 뉴욕(뉴욕시티)에서 유래한다. 1차 크렉이 끝난 시점이 미디엄 로스트인데, 미국 전체에서 말 그대로 '중간' 배전도로, 이것이 가장 전통적인 '아메리칸 로스트'로 사용되었다.

한편 일본에서는 세계대전 직후에 라이트와 시나몬 로스트를 마셨던 듯하지만 현재는 거의 찾아볼 수가 없고, 아메리칸(미디엄) 정도를 '약배전'이라 부르는 가게가 많다. 이 책에서는 현재의 일본을 척도로 하여 '약배전, 중배전, 중강배전, 강배전'이라는 분류를 채용한다. 단 같은 일본이라도 강배전 지향이 강한 가게에서는 '약배전'이라 부르는 커피인데도 풀시티에 가깝다. 이렇게 배전 단계 구분은 정해진 기준 없이 지역과 가게에 따라 제각각이다. 이런 기준이 너무 애매하다고 여기는 사람들 사이에서 배전두 색을 측정해 표준화하려는 움직임이, 특히 미국을 중심으로 일고 있다. 하지만 많은 전문가들은 배전두의 색만으로 구분하는 방법에 고개를 갸우뚱한다. 향미가 변화하는 타이밍은 콩의 상태에 따라 미묘하게 달라지기 때문에 프로가 배전하는 현장에서는 색뿐 아니라 콩의 부풀기와 표면의 주름이 펴진 상태, 냄새의 변화, 팝핑 소리 등 오감을 총동원해 진행 정도를 판단한다는 것이다.

커피 취향을 고를 때는 배전 정도부터

어느 지인이 "와인도 조금 공부해두면 좋아. 아마 커피를 이해하는 데 도움이 될 거야."라고 조언한 것을 계기로, 초짜인 나도 가끔 와인을 마시게 되었다. 와인의 세계에 처음 발을 들인 초보자의 입장으로 새삼 느낀 것이 몇 가지 있다. 생산국의 지역 농원, 품종, 제법, 제조된 해…. 종류가 넘쳐나서 처음에는 무엇부터 알아야 할지 막막했다. 그래서 와인 교과서를 찾아 읽으니 '몇 가지 품종을 비교해서 시음해본 뒤 자신의 취향에 맞는 품종을 찾는 것부터 시작하자'라고 쓰여있었다. 와인의 향미는 농원이나 제조된 해보다 품종에 의한 차이가 가장 크기 때문에, 품종에서부터 입문하는 게 가장 빠른 길이었다. 그러므로 대다수의 책들이 자기 취향에 맞는 품종을 찾아 즐겁게 마시다가 질리기 시작하면 다른 품종을 찾아보라고 했다.

고개를 끄덕이다가 하나의 의문이 생겼다. 만약 커피라면 초보자에게 어떤 조언을 하면 좋을까. 나라면 이렇게 대답하겠다. "배전 정도가 다른 것을 비교해서 마셔본 뒤 자신의 기호에 맞는 커피를 찾는 일부터 시작하세요." 대부분의 커피숍에는 여러 산지의 콩을 배합한 블렌딩 외에 여러 단일 품종 커피를 판매한다. 브라질, 콜롬비아 등 생산국이나 모카, 만델린 등으로 구분된 커피를 흔히 볼 수 있다. 그러나 생산국과 배전도에 따른 차이를 비교할 경우, 향미의 차를 두드러지게 하는 것은 배전도이다.

이와 관련해 캔자스주립대학교 연구팀이 주성분 분석이라는 통계적 기법으로 향미 차이를 매핑한 결과 에티오피아, 엘살바도르, 하와이 3개국의 콩을 같은 배전도로 가공한 것과 아무거나 하나의 특정 국가 콩을 다른 배전도로 볶은 것을 비교했다. 그 결과 전자의 차가 훨씬 좁고, 후자가 보다 더 넓은 범위에 분포하는 경향을 확인했다(그림 6-1). 다른 연구에서도 동일한 결과가 나왔다. 여러 생산지의 콩을 같은 정도로 배전했을 때보다 동일 생산지의 콩을 각각 다른 단계로 배전했을 때 향미의 다양성이 훨씬 더 증가한 것이다.

어디까지나 초보자를 위한 제안이지만 처음에는 정평이 나있는 유명 커피숍에서 약배전, 중배전, 강배전을 비교하며 마셔보고, 자신의 취향에 맞는 배전법을 찾아 그것을 중심으로 비교해보면 어떨까. 가게나 콩 종류에 따라 다소 차이는 있겠지만, 이를 고려

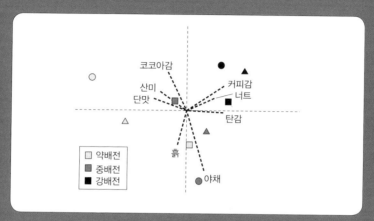

그림 6-1 산지명 vs 배전도. Adhikari(캔자스주립대)에 의한 커피 향미의 주성분 분석(2011)을 바탕으로 작성. 지도 상에서 가까운 점일수록 향미가 유사하다. ●엘살바도르 ▲에티오피아 ■하와이 코나

하면서 향미의 차이를 비교하면 훨씬 더 쉽게 특징을 알 수 있을 거라고 생각한다. 또 커피숍에 가서 추천해달라고 요구하면 '쓴맛과 깊이 있는 맛'의 강배전, '산미와 향이 좋은' 약배전 중 어느 쪽이 좋은지 물어보는 경우가 많은데, 자신의 취향을 미리 파악해두면 맛있는 커피를 만날 확률도 더 높일 수 있다.

가열의 원리와 온도의 변화

이제 배전되는 동안 커피에는 어떤 변화가 일어나는지 알아보자. 배전이 진행되기 위해 필요한 조건은 두 가지이다.

(1) 일정 수준 이상의 온도와 (2) 충분한 수분 감소.

배전이 진행될 때 커피콩의 온도는 상승해 약배전일 경우 180도 이상, 강배전일 때는 220~250도까지 이른다. 호지차나 땅콩, 카카오빈 등 커피와 유사하게 배전하는 다른 식품의 경우 기껏해야 150도 전후가 대부분이다. 그러니까 커피콩은 이례적으로 고온을 사용하는 셈이다. 또한 생두가 9~12% 정도 함유하고 있던 수분은, 온도 상승과 함께 증발해 최종적으로는 2% 미만으로 감소한다(그림 6-2). 압력솥 등을 사용하면 수분이 많은 상태에서 180도 이상

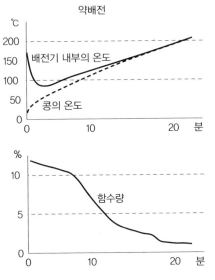

그림 6-2 드럼식 배전기에서의 온도(상)와 수분의 변화(하) 사례.

으로 가열할 수 있지만, 이렇게 만든 생두는 삶은 콩일 뿐 '볶은 커피'가 아니다. 온도뿐 아니라 수분을 날리면서 동시에 볶는 과정이 커피에는 필요불가결한 조건이다.

콩의 온도를 높이기 위해서든 수분을 날리기 위해서든, 열에너지가 필요하다. 이를 위해 가스불이나 전열기 등의 열원이 콩에 전달되는 것이 바로 '전열傳熱'이다.

앞서 설명한 수망배전을 예로 들면 불꽃에서 상승하는 열풍에 의한 대류열, 가스레인지 주변에서 올라오는 복사열, 금속망 접촉면에서 가해지는 전도열, 가스 연소로 발생한 수증기에 의한 응축열 등, 열에너지는 여러 가지 전열 양식으로 콩까지 전달된다. 이 열에너지 대부분은 콩의 온도 상승에 이용된다(그림 6-3). 먼저 열을 받는 콩 표면 온도가 상승하고 거기서부터 열이 전도되어 내부의 온도까지 올라간다. 배전 직후 표면과 중심부의 온도 차는 60도

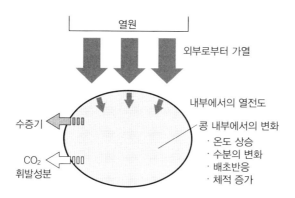

그림 6-3 열에너지의 흐름
R. Eggers & A. Pietsch 〈Technology I: Roasting〉 Clarke & Vitzhum 〈Coffee—Recent developments〉
에서 발췌 및 변형.

열 전달방식과 가열

자, 이제 '열'이 전달되는 원리를 정리해보려 한다.

'열'이란 무엇일까? 그리고 '온도'와 '열'은 어떻게 다른 것일까? 일반적인 열역학의 관점에서 '온도'는 그 물체가 가진 내부 에너지의 일부이다. 구성하는 분자나 원자의 진동과 회전 등의 운동(열진동)에 의한 에너지(현열)가 클수록 물체의 온도는 높아진다. 참고로 이론상 분자가 열진동을 하지 않은 상태가 바로 절대영도絶對零度이다. 한편 '열'이란 온도가 높은 물체에서 온도가 낮은 물체로 에너지가 이동할 때의 형태를 말한다. 이 에너지가 열로서 이동하는 과정을 '전열'이라 일컫는데, 다음의 세 가지를 그 기본 형태라고 부른다(그림 6-4).

전도 : 금속의 일부를 가열하면 전체가 뜨거워지는, 하지만 물질의 이동을 동반하지는 않는 열 전달 방식.
대류 : 냄비에 물을 넣고 가열할 때, 데워진 액체나 기체의 이동에 의한 열 전달 방식.
복사(방사) : 전기스토브나 적외선 히터 같은 적외선 등에 의한 열 전달 방식.

이 외에 전열과정 중 액체에서 기체 또는 기체에서 액체로 상태 변화(상변화)를 동반하는 불등전열과 응축전열이 있다. 가령 상압 100도로 물이 끓고 있을 때 외부에서 전해지는 열은 물에서 수증기(액체에서 기체)로 상변화하는 데 소비되기 때문에, 100도의 물과 수증기에서는 수증기 쪽이 큰 내부에너지(잠열)를 갖고 있다. 이것이 상변화 시의 기화열과 응축열로, 흡발열을 일으킬 만큼 냉각과 가열의 효율이 높으며 과열수증기를 사용한 스팀오븐 레인지나 냉각용 파이프 등에 응용되고 있다.

조리과학 등에서는 고온의 물체(열원)에서 전열로 가열되는 것을 '외부가열'이라고 부른다. 이에 반해 열 이외 에너지가 식품 내부에서 열로 변환되는 것이 '내부가열'이다. 마이크로파 에너지로 식품을 가열(유전가열)하는 전자레인지가 대표적이다.

한편 IH히터는 고주파자계高周波磁界에서 금속 내부에 전류를 발생시켜 내부의 전기저항에 의해 발생한 열로 프라이팬 등을 가열(유도가열)한다. 이 경우 프라이팬 자체의 온

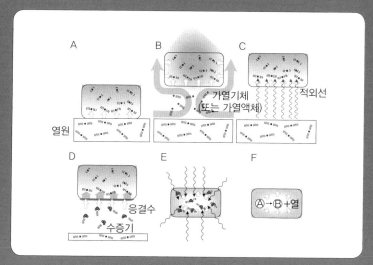

그림 6-4 각종 전열(傳熱) (A) 전도전열, (B) 대류전열, (C) 복사(방사)전열, (D) 응축(응결)전열, (E) 마이크로파 가열, (F) 화학반응열 (발열)

도 상승은 내부가열에 의한 것이지만, 그 위에 올려 구워지는 식품의 온도 상승은 프라이팬에서 열전도(외부가열)된 것이다. 화학반응에 의한 발열(반응열)도 일종의 내부가열로 볼 수 있다.

이상 난다. 그러나 생두의 심지까지 불이 도달하면서 온도차가 점점 줄어들어 '배출 정도'에 이르렀을 때는 그 차가 거의 없어진다.

콩의 온도가 70도를 넘어서면서부터 수분 증발이 활발하게 일어난다. 이때 열에너지의 일부를 기화열로 빼앗기면서 온도 상승이 다소 완만해진다. 열의 일부는 배전 과정에서 콩이 팽창할 때의 구동력과 팝핑 소리 등 물리 변화에도 쓰인다. 또 콩 안에서는 열에 의한 화학반응이 여기勵起되면서 생두 속 성분에서 새로운 물질이 생성되고, 이어 다른 반응을 일으키고…, 매우 복잡한 화학변화가 순차적으로 진행된다. 배전 과정에서 일어나는 이러한 일련의 화학반응을 '배초반응焙焦反應'이라고 한다. 배초반응에 의해 여러 가지 색과 향미 성분이 만들어지거나 없어지기도 한다. 수분 증발 및 배초반응에서 생성되는 탄산가스, 휘발 성분 등에 의한 중량감소shrinkage로 배전 전후 중량은 10~20%쯤 차이가 난다.

화학반응은 일반적으로 반응 전후를 비교했을 때 열이 소비되는(=여기勵起. excitaition에 필요한 열량은 반응 후 생기는 열량을 웃돈다) 흡열반응吸熱反應과 열이 생성되는 발열반응發熱反應으로 크게 나뉜다. 생두는 1차 크랙 직전까지는 흡열반응이 우세하지만, 그 후로는 연소 등의 발열반응이 우세해진다. 그리고 이때 생기는 화학반응으로 인해 콩의 온도가 더욱 상승하여, 또 다른 발열반응을 일으키는 식으로, '정직한 피드백'이 이루어진다. 1차 크랙 이후 배전 진행이 급속도로 빨라지는 것은 바로 이 때문이다.

보이는 것과 구조의 물리적 변화

배전 중 온도 및 수분 변화에 따라 커피콩은 (1) 구조의 물리적 변화와 (2) 성분의 화학적 변화가 발생한다. 먼저 물리적 변화부터 살펴보자(그림 6-5).

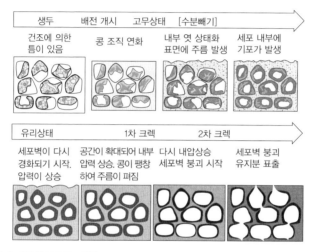

그림 6-5 배전 중 콩의 구조 변화

커피콩의 미세구조

배전 전의 생두는 매우 단단해서 일반적으로 사용하는 그라인더로는 깨지지 않는다. 따라서 생두를 갈아서 검사할 때는 전용 푸드프로세서를 사용해야 할 정도다. 그 단단함을 만들어내는 것은 대체 무엇일까.

생두의 독특한 세포벽에 그 비밀이 있다. 커피 생두는 식물학적으로 내유(內乳)에 해당하며 30~40μm의 균일한 한 종류 세포(내유세포)로 구성되어 있다. 또 하나하나 세포를 둘러싼 세포벽이 유독 두꺼운 데다 헤미셀룰로스hemicellulose라는 성분을 매우 많이 함유한 게 특징이다(표 6-2). 우리가 아는 일반적인 식물 세포벽의 주성분이 셀룰로스이며, 세포벽에 함유된 셀룰로스 이외 불용성다당류의 총칭이 바로 헤미셀룰로스이다. '절반(=헤미)셀룰로스'라는 의미를 지닌 이 성분은 아라비노스arabinose나 만노스mannose 등 포도당 이외 당류가 결합해서 만들어진 것이다.

셀룰로스와 헤미셀룰로스로 구성된 식물의 세포벽은 세포를 보호하는 역할을 한다. 셀룰로스는 수백 개의 분자가 한 묶음이 되어 마치 철근콘크리트의 '철근' 같은 튼튼한 섬유가 겹겹이 둘러쳐진 형태다. 그러나 철근만으로는 쉬 분해되기 때문에 이를 단단하게 하는 시멘트의 역할이 필요하다. 이 역할을 하는 것이 헤미셀룰로스다. 또 시멘트를 고체화시키듯 '경화제' 역할을 하는 것이 리그닌 lignin(목질)이라는 폴리페놀 화합물로, 목부의 단단함과 갈색 파트를 담당한다.

식물 조직이 목화(풀에서 나무로 변화)될 때 일반적으로 세포벽에 리그닌과 셀룰로스가 축적되어 두껍게(1~4μm) 되는데, 커피 생두의 세포벽은 더 두꺼워서 5~7μm에 이른다. 게다가 이 중 60~80%를 헤미셀룰로스가 차지하고 있다. 이 특수한 세포벽이 생두 특유의 단단함을 만들어내는 것이다.

또 세포벽에는 미세한 구멍이 여기저기 나있어서, 옆방 세포들의

표 6-2 식물의 세포벽 비교

	일반적인 식물의 세포벽		커피 콩의 세포벽
	생장점의 세포	목화된 세포	
두께 (μm)	0.1~1	1~4	5~7
성분조성(%)			
• 다당류			
– 셀룰로스	25	50	20~30
– 헤미셀룰로스	25	25	60~80
– 펙틴	30	–	–
• 리그닌	–	25	~10
• 그 외	20	–	–

세포질이 이 작은 관상 구멍을 통해 연결된다. '원형질연락原形質連絡, plasmodesmata'이라고 불리는 식물 세포에서 흔히 볼 수 있는 구조로, 배전을 할 때 내부 수증기를 통과시켜주는 '탈출구' 역할도 한다.

배전 개시와 유리전이 현상

가열을 계속하면 어느 시점에서부터 매우 단단하던 콩의 조직이 다소 풀어진 듯 연화한다(손으로 으깰 정도는 아니고 펜치나 다른 도구를 이용해 으깨야 하는 정도지만). 이는 커피콩 이외에도 다양한 식재나 비정성非晶性 물질에서 나타나는 현상으로 '유리전이 현상琉璃轉移現像, glass transition'이라고 일컫는다(그림 6-6). 이 성질을 지닌 물질은 온도가 낮을 때는 유리처럼 단단하다가 일정 온도(유리전이 온도)를 넘으면 고무처럼 연화된다. 유리전이 온도는 물질에 함유된 수분 양에 따라 달라지는데, 함수량이 높을수록 낮은 온도에서 고

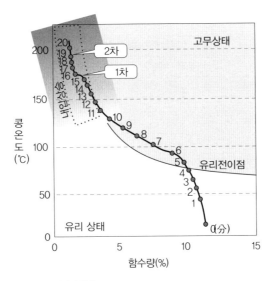

그림 6-6 배전 진행과 유리전이 현상

무화rubbery한다.

커피 생두도 가열에 의해 세포벽이 처음의 단단함(유리상태)에서 점차 부드러워져 고무 상태로 변화한다. 세포벽이 연화해 신축성이 생기면 세포 내에 발생한 수증기나 가스가 원형질연락을 통해 밖으로 빠져나가기 수월해진다. 이렇게 고무화한 생두에서 수분 증발이 활발해지면 축소된 표면에 주름이 생기기 시작한다. 이것이 '수분 빼기'라고 불리는 단계다. 배전기 내부 습도가 높아지고 콩이 부풀어오르는 형상 때문에 '찜' 단계라고도 한다.

가열에 의한 변화는 세포벽뿐 아니라 세포벽에 둘러싸인 '작은 방'의 내부에서도 일어난다. 배전 전의 생두에서는 세포벽에 둘러싸인 세포 본체가 작은방 안에서 건포도처럼 마르고 쪼아든 상태인데, 가열이 진행되면서 수분이 끓어올라 세포를 구성하고 있는 여러 성분이 섞이고 합해지면서 오랫동안 끓여낸 곰국 같은 변화가 일어난다.

원래 커피 생두는 로부스타종에 8%, 아라비카종에는 11% 전후의 유지분이 함유되어 있으며 그 대부분은 세포질에 유적油適으로서 떠있다. 또 카페인과 클로로겐산 대부분은 액포 내에, 단백질과 당류 등은 세포질에 분포하는 등 생두 상태에서는 각각 다른 장소에 저장된다. 그런데 생두를 끓이기 시작하면 이들이 하나로 융합되어 끈적끈적한 엿 상태로 변한다. 가열을 계속하면 이들이 끓어올라 작은방 내부 벽과 천정에까지 튀고 최종적으로는 주변 전체가 끈적끈적한 것들로 덮이는 대신 작은방 중심에 뻥 뚫린 공간이 만들어진다.

재경화와 내압 상승

이런 상황에서도 가열에 의해 콩의 수분은 점점 증발한다. 수분이 줄어들면 유리전이 온도가 상승하고, 고무화되던 생두의 세포벽은 다시금 단단해진다. 그러면 그때까지 세포벽이 신축·변형하면서 공기가 빠져나가던 공간도 닫혀버린다. 원형질연락마저 엿 상태의 끈끈이(?)로 막혀, 세포의 작은방 내 압력은 점차 상승한다. 작은 공간이기 때문에 정확한 계측은 불가능하지만, 배전 전후 콩의 팽창률 등으로 추산해보면 중배전 부근에서 8기압, 강배전 부근에서는 20~25기압까지 도달한다.

이렇게 높은 압력으로 인해 작은방 안의 끈끈이(?)가 세포벽에 눌러붙어 압축되다가 내부 고압 및 고온 하에서 배초반응이 진행된다. 또 내압 상승으로 작은방이 팽창하고 콩 전체가 크게 부풀어 표면의 주름이 펴진다. 이 결과 다시 단단한 유리 상태가 되었다고는 하지만 배전 전과는 전혀 다른, 내부에 적잖은 공간이 생겨 손가락으로 잡으면 부서지는 '단단하고 깨지기 쉬운' 상태가 된다.

이 단계까지 구워지면 일단 커피 그라인더로 분쇄해 추출하고 마실 수 있는 콩, 즉 배전 원두라고 부를 수 있는 커피가 된다. 즉 각자 추구하는 향미에 도달한 시점에서 배전을 멈추면 맛있는 커피가 탄생한다는 의미다.

커피콩은 두 번 터진다

배전이 완성될 즈음, 커피콩에는 크고 신기한 변화가 일어난다. '크렉'이다. '탁탁' 소리를 내는 1차 크렉과 이후 '틱틱' 하는 소리로 찾아오는 2차 크랙. 이때 커피콩 안에서는 대체 무슨 일이 일어나고 있는 것일까.

가열하면 '터지는' 음식 하면, 팝콘이 가장 먼저 떠오른다. 그러나 팝콘과 커피콩이 터지는 방식은 매우 다르다. 옥수수 중에서도 팝콘용 품종은 껍질이 매우 단단하다. 가열하면 이 껍질로 내부 수증기가 막혀 내압이 약 10기압까지 올라가고, 압력을 견디지 못한 순간 '펑' 하고 큰 파열음을 내면서 터진다. 이와 동시에 옥수수 알 안쪽에는 고무화하던 고압 고온의 배유가 한꺼번에 팽창하면서 분출하고, 다음 순긴 대량의 공기를 머금은 채 유리화하여 가벼운 식감의 팝콘이 만들어지는 것이다. 파열에서 유리화까지 겨우 90m/초에 생기는 일이다. 터지는 순간 폭발적으로 팽창하는 것이 특징이며 한 알이 한 번만 터진다.

반면 커피콩에서 이러한 '폭발'은 없다. 1차 크렉이 일어나는 시기 전후로 콩의 주름이 펴지기 시작하여 이후 점차 부풀어오른다. 또 콩의 개수에 비해 터지는 횟수도 적고 1차 크렉 때에는 심지어 팝핑 소리가 거의 들리지 않을 때도 있지만, 그럼에도 콩은 분명히 부풀고 있다. 그리고 무엇보다 '두 차례 터지는 것'이 큰 특징이다. 커피 특유의 크렉이 발생하는 이유를 명확하게 밝혀낸 연구는 아직 없는 것으로 안다. 그래도 여기까지 왔는데 정황 증거로라도 추측을 해보도록 하겠다.

두 차례의 크렉 중 나중에 일어나는 2차 크렉이 알기 쉽기 때문에, 순서는 바뀌지만 먼저 살펴보겠다. 2차 크렉이 일어나는 이유는 콩이 유리화하여 단단해졌기 때문이다. 높고 작은 소리가 많이 들리기 때문에 제법 높은 비율로 콩이 터진다고 생각하게 된다. 2차 크렉 중간에 멈추고 콩을 꺼내면, 수망 밖에서도 한참을 터진다. 이것을 유심히 관찰하면 팝핑 소리와 동시에 맥아의 정수리 부위부터 작은 타원형 콩 파편이 벗겨져 날아가는 것을 알 수 있다. 가만히 보면, 이미 그 부분이 박리된 콩이 많다는 사실이 관찰된다. 또 콩을 잘라서 단면을 보면, 내유 판의 중앙 부근에 뻥 뚫린 공간이 만들어진 게 보인다. 이 공간은 2차 크렉 전에는 볼 수 없다. 이것이 2차 크렉의 원인이라고 여겨진다.

커피콩의 내유는 조직의 중앙부(내부 내유)보다 바깥쪽(외부 내유)이 튼튼하고, 중심부에는 미세한 틈들이 있다. 2차 크렉 시작 전부터 연기의 색이 조금씩 변해 이산화탄소 등 연소가스 발생이 급증하는데 이 가스 중 일부가 내부의 틈에 갇혀 도망가지 못해 점점 내압이 올라가 한계에 왔을 때, 파열음을 내면서 터지는 것이다. 박리가 일어나는 배아의 정수리는 콩 조직이 특히 얇아서 여기부터 깨지기 시작하는 것이라고 보면 된다.

한편 1차 크렉은 2차 크렉보다 소리가 낮고 크다. 때문에 음향적으로 볼 때 2차보다 큰 공간에서 나는 파열음이라고 생각된다. 그리고 그런 넓은 공간은 커피콩 안에 하나밖에 없다. 쏘옥 말린 내유의 공간, 센터 컷의 안쪽 틈이다. 1차 크렉은 콩이 유리화하여 단단해지고 팽창할 때쯤 일어나는데, 이때 틈의 일부가 막히면 거기에 들어있던 수증기나 가스가 빠져나가지 못한 채 내압이 점점 높아져 파열음과 함께 터지는 것이다. 틈이 완전히 막힐지 여부는 내유의 말림 형태나 팽창하는 모양, 콩에 금이 가는지에 따라서도 달라진다. 때문에 모든 콩이 1차 크렉 소리를 내지 않을 수도 있다는 의미다. 나의 추리가 맞는지 아닌지는 향후 과학적 검증을 통해 밝혀지리라 믿는다.

유지분 삼출

1차 크렉이 지나고 2차 크렉이 활발한 시점에는 콩 표면에 유지분이 스며나와 번들거리는 광택이 감돌기 시작한다. 세포벽 일부가 무너지거나 구워지고 타버려서 세포 내의 유지분이 쉽게 표면으로 배어나오는 것이다. 이 부근이 '프랜치 로스트'라고 불리는 강배전이다. 가장 약한 배전의 콩에서도 시간이 지나면 콩 안쪽 기름 성분이 서서히 확산되어 표면으로 배어나온다. 이 때문에 예전에는 '표면에 기름이 뜨면 커피가 오래된 증거'라고 말하던 사람도 있다. 그러나 강배전이라면 배전 직후에도 표면에 기름이 감돈다. 또 생산국에서 정제 후 생두 표면의 얇은 막을 제거하는데 '도정'을 강하게 할 경우, 표면 왁스층에 상처를 입어 기름 삼출滲出이 증가한다. 그러니까 유지분이 나오는 게 오래된 증거는 아니다. 다만 같은 생두를 같은 조건에서 배전한 경우라면 신선도의 기준으로 삼아도 좋을 듯하다.

성분의 화학변화

지금까지 배전 중의 물리적인 변화에 대해 살펴보았다. 그런데 이때 커피 속 성분에는 어떤 화학변화가 일어나는 것일까?

변하지 않는 것, 변하는 것

커피콩 성분 조성을 배전 전후로 비교해보면(그림 6-7), 수분 이외 성분 중 30~40%가 배전을 통해 변화한다. 바꿔 말하면 60~70%는 배전 전후에도 변하지 않는다는 뜻이다. 배초반응은 대부분 '끈끈이' 안에서 진행되기 때문에 세포벽을 구성하는 헤미셀룰로스, 셀룰로스, 리그닌은 대부분 그대로 남는다. 이들 성분은 아무리 끓여도 녹아 남는 '콩의 골격' 즉 '커피의 찌꺼기'로서, 추출 시 가루의

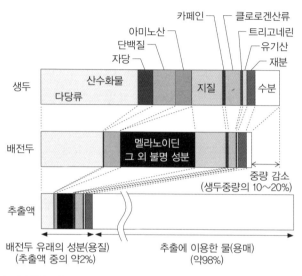

그림 6-7 커피 성분 조성

층을 지탱하는 역할을 한다.

변화하지 않는 성분은 '끈끈이' 내부에도 존재한다. 카페인이 대표적이다. 카페인은 열에 매우 강해서 배전 중 분해되거나 다른 화합물과 반응하지 않는다. 단 카페인에는 승화성이 있어서(승화점 178도), 배전 온도가 130도를 넘길 무렵부터 기체가 되어 조금씩 콩에서 빠져나간다. 그렇다고는 해도 감소율은 생두 함유량의 5~10%에 지나지 않아서 강배전과 약배전 간 차이는 매우 적은 편이다. 배전콩 단면을 전자현미경으로 관찰하면, 고체가 된 카페인의 침상결정針狀結晶을 종종 볼 수 있다. 또 배전기의 드럼에도 같은 모양 결정이 붙는다.

카페인과 함께 변화가 적은 성분은 유지류이다. 튀김용 기름을 봐도 알 수 있듯이 기름은 장기간 산소와 접촉하면 열화하지만, 단 시간이라면 고온에서도 비교적 안정적이다. 유지는 배전 중 내부에서 만들어지는 '끈끈이'의 4분의 1에서 5분의 1을 차지하며, 스스로 잘 변하지 않는 반면 다른 물질을 용해시켜 변화시키는 '장소'로서의 역할을 한다. 또 휘발성 향 성분과 탄산가스를 용해하거나 표면에 흡착시켜 안정화를 도모하는 역할도 한다. 이 외에 미네랄 등 무기물도 배전 중 변화하지 않는 성분이다. 즉 생두 성분 중 세포벽 성분, 카페인, 지질, 미네랄이 '변하지 않는 것'에 속하며 그 이외 모든 성분이 '변하는 것'이라 봐도 무방하다. 바꿔 말하면 후자는 배초반응을 거쳐 커피의 색과 향미로 변하는 '전구물질前驅物質'에 해당한다.

복잡기괴한 배초반응

배초반응焙焦反應이라고 간단하게 말했지만 실상은 수백 종류 전구물질이 화학반응을 일으켜 최종적으로 수천 개의 복잡한 화합물을 만들어내는, 실로 혼돈스러운 화학반응의 총체이다. 이 과정을 과학적으로 해명하기에는 아직 갈 길이 멀어서, 현재까지 알려진 것은 매우 적은 부분에 불과하다. 그러나 전구물질 중 세 종류(① 클로로겐산, ② 당류, ③ 아미노산)의 변화를 이해한다면, 대략 그 흐름을 파악할 수는 있다(그림 6-8).

가장 중요한 것은 클로로겐산(①)에서 쓴맛 성분이 나오는 일련의 화학변화이다. 이것은 다른 곳에서는 찾아보기 힘든 커피 특유의 기구機構로, 이 책에서는 '(커피의) 쓴맛 생성반응'이라고 부르겠다. 이 반응을 거쳐 생두 안의 클로로겐산이 커피다운 쓴맛 성분 (CQL, VCO 등)으로 변화한다. 또 갈색색소, 배전 후반부 향 성분인 페놀류 등도 이 과정에서 생성된다.

이어서 중요한 것이 '메일라드 반응'이다. 다른 이름으로는 아미노카보닐 반응 혹은 갈변반응이라고도 부른다. 환원성 당류(②)가 아미노산(③)과 반응해 최종적으로 고분자 갈색색소인 멜라노이딘을 만들어내는 일련의 반응이다. 조리과학 분야에서는 가장 먼저 거론되는 유명한 반응이며, 다른 식품처럼 커피에서도 구워진 색이

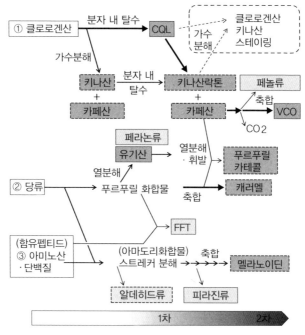

그림 6-8 배전 중 주요성분 변화
진한 회색은 맛, 옅은 회색은 향에 관계되는 성분.

나 피라진, 알데히드 등 향 성분 생성에 관여한다. 이 메일라드 반응과 닮은 갈변반응이 '캐러멜화'이다. 이는 아미노산이 개입되지 않고 당류(②)만으로 진행된다. 당류끼리 중합해 흑갈색 색소인 캐러멜을 생성하고, 반응 도중 초산 등 유기산과 프라논류 등의 향 성분도 생성된다.

또 각각의 반응 경로에서 생성되는 성분들이 서로 반응해 '제3의 쓴맛'인 푸르푸릴카테콜과 FFT 등도 만들어진다. 아주 작은 부분만을 설명했지만, 커피의 색과 향미는 이러한 과정을 거쳐 탄생된다.

지나온 과정에 따라 '맛있음'은 변한다

배초반응이 진행되기 위해서는 무엇보다 일정 수준을 넘어서는 온도가 필요하다. 그 상태에서 수분이 많은 상태라면 다양한 분자가 물과 반응하여 가수분해加水分解되기 쉽고, 적은 상태라면 반대 반응인 탈수축합脫水縮合이나 열분해가 진행되기 쉬워진다. 그렇기 때문에 수분 날리기 단계에서는 주로 가수분해가, 완성 전 단계에서는 탈수축합과 열분해 등이 진행되며 커피의 향미와 색 대부분은 후반부의 볶는 단계에서 완성된다. 수분이 날아가며 볶아지는 과정을 거쳐야 커피가 완성되는 것은 이러한 이치 때문이다.

그렇다면 배전 후반부의 조건이 같다면 같은 향미가 나올까? 꼭 그렇지는 않다. 향미를 내는 데는 성분이 어떻게 변화했는지도 중요한 요소로 작용한다.

예를 들어 수분을 날릴 때 '고온다습'한 상태에 오래 머물면 가수분해가 촉진되어 클로로겐산이 감소하고 강한 떫은맛의 카페산과 날카로운 산미의 키나산이 증가한다. 1분자의 산이 2분자가 되는 만큼, 산미가 증가하고 후반부의 클로로겐산 탈수축합으로 생성되는 '중배전 커피의 쓴맛' 대표인 CQL은 감소한다. 또 메일라드 반응 중간체의 가수분해(스트레커 분해)가 촉진되어 알데히드가 증가하면 콤콤한(시큼한) 냄새가 강해진다. 즉 가수분해가 너무 진행되면 '떫고 시큼하며 콤콤한 냄새'가 난다는 이야기이다. 수망배전에서 '겉은 타고 안은 안 익은' 상태가 되지 않도록 주의하라고 당부한 것은 바로 이 때문이다.

그러나 가수분해도 적절하게 진행되면 결코 나쁜 것만은 아니다. 단백질과 다당류가 가수분해되어 만들어지는 아미노산과 단당류는 원래 고분자보다도 반응성이 좋기 때문에 그 후의 반응이 잘 진행되어 향미가 강해진다. 또 생두의 정유精油에는 '배당체配糖体'라는, 당과 결합한 상태의 것이 있는데 이것이 가수분해되면 정유가 떨어져 나가 향이 강해진다.

이처럼 온도와 수분을 어느 정도에 맞춰 얼마 동안 어느 온도로 볶아낼 것인가가 '커피콩이 거쳐야 할 배전의 길'이며, 이러한 요소들의 조합이 맛에 절대적인 영향을 준다. 가령 수망배전에서도 처음에 콩을 알루미늄 호일 등으로 싸서 '찜' 상태를 만들어 볶다가 도중에 벗겨내고 배전을 하면 향미가 확연히 달라진다는 것을 확인할 수 있으니, 꼭 한번 도전해보기 바란다.

배전 후의 경시변화

처음에 맛있던 커피도 시간이 지나면 추출할 때 부풀지 않고 풍미도 점점 사라진다. 일반적으로 '산화되어 맛이 없어진다'고 표현하지만 배전 원두 열화는 세 가지 타입으로 구분되고, 엄밀히 말하면 산화가 관여하는 것은 이 중 하나(산폐)일 뿐이다. 그리고 맛 변화에는 다른 두 가지가 더 중요하다.

A. 스테이링 : 배전 시 생기는 클로로겐산 락톤과 키나산 락톤은 물분자와 반응하면 쉽게 가수분해되어 클로로겐산과 키나산으로 변하고, pH가 낮아져 신맛을 띤다. 이 반응은 진행 속도가 매우 빨라서, 뜨거운 열판 위에(커피메이커 같은) 보관하는 커피액은 수십 분, 배전콩에 습기가 배어든 경우라면 통상 1~2일 사이에 차이를 알 수 있을 정도로 맛이 변한다.

B. 향과 가스의 손실 : 배전 직후부터 커피콩에서는 탄산가스와 함께 향 성분이 빠져나간다. 휘발성이 높은 향 성분일수록 손실이 빠르고, 섬세한 향이 핵심인 커피일수록 특징을 잃어 밋밋해진다. 또 가스가 빠진 커피는 물을 부어도 부풀지 않고, 콩 조직이 '열리기 어려운' 상태가 되어 성분 추출 효율도 나빠진다. 수분이 적은 조건 하에서 가장 빨리 일어나는 열화로, 상온일 경우 10~15일 사이에 그 차이를 알 수 있을 정도로 변화한다. 품질을 중시하는 로스터리숍에서 '맛있게 마실 수 있는 기간은 로스

팅 후 2주 이내'라고 강조하는 이유도 이 때문이다

C. 산폐 : 유지분을 구성하는 지방산이 공기 산화를 받으면 불포화도不飽和度(분자 중의 다중결합의 비율)가 높은 지방산이 되고, 그것이 더 산화되면 탄소수 6~9의 저급 지방산으로 분해된다. 그 결과 기름이 상한 이상한 냄새(산폐취)를 유발하고 pH 저하를 불러온다. 이것이 산화에 의한 열화인데, 진행은 의외로 더뎌서 차이를 구분할 정도의 변화는 상온일 경우 7~8주쯤 후에 나타난다.

배전 후 보관법

이렇게 열화의 원인을 정리해보면, 자연스럽게 대처법이 나온다. 즉 수분을 피하고, 가스가 빠지지 않도록 하고, 산화를 막는 것. 이것을 지키면 비교적 맛있는 상태로 오래 보관할 수 있다.

기밀상태(밀폐나 밀봉보다 엄중하게 기체의 출입을 차단하는 것)로 보관하면, 모든 조건을 충족시키므로 신선도 유지에 효과적이다. 또 스테일링과 산폐는 온도가 높을수록 진행 속도가 빨라지므로 저온 보관도 효율적이다. 진공포장으로 산소를 제거하거나 탈산소제를 사용하고, 빛을 차단하는 것도 산화방지에 도움이 된다.

그러나 실제로 어떻게 보관할 것인지는 '그 콩을 어떻게 소비할 것인가'에 따라 달라진다. 예전에 우연히 들른 가게에서 집에 가 바로 내려 마실 콩을 샀는데, 점원이 묻지도 않고 진공포장용 기계로 공기를 뺀 뒤 봉하려고 하는 걸 서둘러 말린 적이 있다. 장기간 개봉하지 않고 보관할 거라면 모르겠지만, 30분간 산화를 늦추자고 향과 가스를 희생시킨다는 것은 효율적이지 않기 때문이다. 또 아무리 '기밀성이 중요'하다고 해도, 기밀성 높은 봉투는 탄산가스 때문에 터지는 경우가 종종 있다. 그러므로 마트에서 유통하기에는 부적합하다. 탄산가스만 빼서 진공포장하는, 원웨이밸브를 사용한 가스밸브 포장은 이러한 유통 특유의 문제를 해결하고 수 개월간 품질을 유지하기 위해 탄생한 기술이다. 최근에는 배전 후 곧장 페트병 등에 충전하는 방법도 나왔는데, 포장비용은 다소 높지만 페트병 내부가 고압이 되어 가스가 빠지는 것을 늦춰주기 때문에 향을 특징으로 하는 원두를 오랫동안 보관하는 데 효율적이다.

이러한 노하우는 가정에서 원두를 보관할 때도 도움이 된다. 여기서도 제일 중요한 것은 '기밀상태를 유지하는 것'이다. 냉장이나 냉동도 열화를 늦추는 효과적인 방법이다. 2주일 이내에 소진하지 못할 양이라면 기밀용기에 넣어 냉동 보관할 경우, 수 개월에서 반년 정도는 꽤 괜찮은 상태를 유지한다. 단 냉동시켰던 콩이 습기가 있는 일반 공기와 만나면 순식간에 수분을 흡수해버리기 때문에, 소량씩 나눠 꺼내거나 밀폐용기째 실온 상태로 두었다가 개봉하는 것이 좋다. 다만 기온이 높은 여름을 제외하면, 그리고 아주 많은 분량이 아니라면 무리해서 냉장이나 냉동 보관할 필요는 없다.

역설적인 표현이지만 '가장 좋은 보관법'이란 '가능한 장기간 보관하지 않는 것'일지도 모른다. 냉장, 냉동 보관이 열화를 늦추는 방편이기는 하되, 완전한 방지는 불가능하다. 어쩔 수 없이 장기간 보관해야 할 때를 빼고는, 평소 소량씩 구매해서 신선도가 높을 때 즐기는 게 가장 좋은 방법이다.

프로의 배전과 배전기

이제 개인의 부엌을 벗어나 프로들의 배전 세계로 눈을 돌려보자. 처음에 소개한 수망 배전으로도 충분히 맛있는 커피를 만들 수 있지만, 한 번에 배전할 수 있는 양이 적어 비효율적이다. 소규모 로스터리숍일 경우 소형 수동식 기구를 사용하기도 하지만, 많은 양을 동시에 배전할 수 있는 전용 '배전기'를 쓰는 곳이 대다수이다.

배전기(로스터)는 카페 등에서 자주 볼 수 있다. 주로 만나게 되

그림 6-9 드럼식 배전기
(사진제공 : 후지로얄).

는 기계는 그림 6-9와 같은 모양일 것이다. 옆으로 뉘인 금속제 원통을 중심으로 큰 깔때기와 배기 덕트(배기구), 조작 패널을 갖춘 특징적인 모양의 기계다. 밖에서는 보이지 않지만 원통 안쪽에도 '드럼'이라고 불리는 금속통(실린더)이 있어서, 생두를 회전·교반해 고온의 열풍을 흘려보내거나 드럼 아래쪽에서부터 버너나 전열기로 가열해 배전을 하게 된다. 이러한 구조를 가진 방식을 '드럼식 배전기'라고 한다. 세탁기에도 드럼식이라고 불리는 타입이 있듯 옆으로 누운 상태에서 내용물을 교반하는 방식으로, 실린더가 가열과 교반이라는 두 가지 기능을 동시에 수행한다. 로스터리숍에서는 한 번에 1~10kg 정도를 배전할 수 있는 소형 배전기가 일반적으로 사용된다. 최근에는 1kg 이하 초소형 기계로, 구하기 힘든 고급 생두를 소량씩 볶는 곳도 늘어나는 추세다.

드럼식에 이어 많이 사용되는 것이 '유동상식fluid-bed Type'이다(그림 6-10). 강하고 센 열풍으로 콩의 교반과 가열을 동시에 진행한다. 연속배전과 단시간 배전에 용이한 반면, 강력한 송풍이 필요해 폐열도 많이 생긴다. 에너지원의 비용이 높기 때문에 로스터리숍에서는 쉽게 볼 수 없다. 폐열 이용이 가능한 대형 배전공장의 초대형 배전기나 작은 송풍기로도 충분한 50~500g용 초소형 배전기 등에 채택된다. 미국에서는 가정용으로 사용하는 사람들도 있다고 한다.

이 외에 몇 가지 유형이 고안되기는 했지만, 실용화된 상품 대부분은 드럼식이거나 유동식이다.

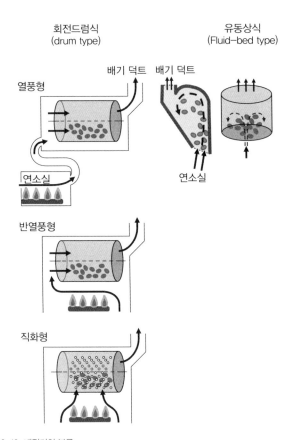

그림 6-10 배전기의 분류

가열(전열) 방식에 의한 분류 : 직화형, 반열풍형, 열풍형

이 분류를 보며 커피에 대해 아는 사람은 의아해할지도 모른다. 일본에서 나온 대부분의 커피 관련 책에서는 배전기를 다음의 세 종류로 분류하고 있기 때문이다(그림 6-10).

- 직화형 : 드럼에 타공 가공이 되어있어서, 가스불 등 열원 에너

지로 콩이 직접 가열되는 방식.

- 반열풍형 : 직화형에 가깝지만 드럼에 타공이 없고, 열원의 열이 간접적으로 콩에 전달되는 방식.
- 열풍형 : 드럼과는 다른 장소에 부착된 연소실에서 열풍만을 보내는, 간접 가열 방식.

이는 드럼의 모양과 가열 방식으로 세분화한 것이다. 단 이 차이에 관심이 높아진 것은 1970년대부터 '어떤 방식이 제일 좋은가'라는 논쟁이 분분했던 일본 특유의 경향 때문인 듯하다. 유럽 등지에서는 직화형 드럼이 드물기 때문에 자주 언급되지 않는 내용이다.

이 차이가 배전에 어떤 영향을 주는지 제대로 알려지지 않은 부분이 남아있다. 그러나 배전사들은 직화형은 열효율이 좋지만 고르게 배전하기가 어렵고 열풍형은 그 반대, 반열풍은 양자의 중간 정도라고 설명한다. 열풍형에서는 열풍 이상으로 고온이 되는 드럼 내부가 이론상 존재하지 않고, 반열풍형에서는 불꽃으로 가열되는 드럼 전체와 그곳에 접촉하는 공기의 온도가 높으며, 직화형에서는 그보다 더 고온의 열원에 직접 노출되는 곳이 있다. 직화형에서 일부 콩이 고온의 열원에 직접 노출될 경우 다른 콩에도 열을 효율적으로 전달하는 장점은 있지만, 같은 드럼 안에 있는 콩 전체에 균일한 열 전달이 어려워질 수도 있다.

각 방식을 전열 밸런스에 주목해서 보면 열풍형에서는 드럼에 흐르는 열풍에 의한 대류열이 주체이다. 반면 반열풍에서는 드럼 전체와 접촉하는 콩으로의 전도열과 드럼 속 공기 사이의 전도열

(열관류)이 주체가 되며, 직화형에서는 대류, 전도열이 동시에 작용하면서 고온 열원에서의 직간접적인 복사열이 가세한다. 대류열에서는 열풍이 콩의 표면 전체를 가열하지만 전도열은 드럼과의 접촉면, 복사열은 열이 닿은 면만 가열하므로, 교반이 불충분할 경우 고르지 않은 배전 결과를 낳는다. 이전에는 이러한 차이로 배전기의 우열을 가리는 논쟁도 있었지만 각각의 특성이나 장단점을 고려해보는 작업이 반드시 필요할 듯하다. 그리고 결국에는 하나의 중요한 조건이 남는다. 바로 배전하는 사람의 '실력'이다. 다루기 힘든 야생마 같은 직화형을 제대로 다뤄 콩을 맛있게 볶아내는 '명가'를 보면, 역시! 하는 감탄이 절로 나온다.

배전기에 의한 배전법

배전기를 사용하기만 하면, 스위치 하나로 언제나 맛있는 커피를 마실 수 있다고 말하고 싶지만 안타깝게도 실상은 그렇지 않다. 재료인 생두조차 매번 약간의 조건 차이가 있고, 똑같이 배전한 것 같아도 완전히 동일한 결과를 얻는다고 장담할 수가 없다. 이 때문에 개인이 운영하는 로스터리숍은 물론 대형 공장에서도 숙련된 배전사가 자신의 눈으로 세심하게 체크하면서 콩을 볶는다.

배전기의 종류는 각기 다르지만 기본 사용법은 유사하다. 우선 배전기는 먼저 예열을 해야 하고, 지정된 온도(투입 온도)에 도달하면 기계 상부 깔때기(생두 투입부)를 통해 드럼으로 생두를 투입한 뒤 배전을 시작한다. 드럼 안을 보는 작은 확인창이 붙어있지만 그것만으로 콩의 상태를 알기 어렵기 때문에, 드럼 안 공기 온도를 표시하는 온도계와 내용물을 소량 꺼내 확인할 수 있는 테스트스푼(전용 스쿱)으로 관찰하면서 필요에 따라 열풍의 풍량과 가스의 화력을 조절하며(이 부분은 배전기 종류나 배전사의 요령에 따라 차이가 있다) 배전을 진행한다. 온도계를 확인하면서 1, 2차 팝핑 시점을 가늠하고, 배전기 구동음으로 인해 팝핑 소리를 놓치지 않도록 주의한다. 테스트스푼으로 색과 모양을 확인하고, 풍겨나는 냄새 등을 종합적으로 판단하여 '배출' 타이밍을 맞춘다.

그리고 '지금이다'라고 판단하는 순간, 드럼의 배출구를 재빨리 열어 콩을 배출한 뒤 여열로 배전이 더 진행되지 않도록 신속하게 식혀준다. 어떤 의미에서 냉각이 배전보다 더 중요하고 어려운 부분이다. 콩이 적을 경우 상온 냉각으로 충분하지만, 대량일 경우 자칫 뜨거운 원두가 발화해 화재를 일으킬 우려도 있다. 이 때문에 일부 대형 배전기에는 물을 분무해 냉각시키는 기능도 있다.

아무리 고품질 생두라도 배전을 제대로 하지 않으면, 본래의 특징을 이끌어낼 수 없다. 그것이 배전사의 실력을 판가름한다. 특히 중요한 것이 정확한 '배출 포인트' 판단이다. 1차 크렉 이후인 배전 후반에는 향미 변화가 급격하게 이루어지므로 10~15초 차이, 원료에 따라서는 단 몇 초 차로 전혀 다른 결과물이 나온다. 새로운 생두가 입하되면 우선 소량을 시험 배전해 자신이 원하는 향미로 끌어낼 수 있는 적절한 배전도를 결정하는 게 좋다. 몇 차례 적절한 배전법과 배출 시점을 테스트한 뒤, 확실한 감각과 기술을 익혀두는 게 필요하다.

화력과 배기 컨트롤

앞서 설명한 수망 배전에서는 수망과 불꽃의 거리를 바꾸면서 '화력'만을 조절했지만, 배전사가 조절하는 것은 기본적으로 '화력'과 '열풍 유량(배기)' 두 가지이다. 어느 쪽을 얼마만큼 조절할지는 배전기 종류와 배전사의 성향에 따라 달라진다.

가스 불을 열원으로 하는 드럼식 배전기의 경우, 드럼과 버너 위치가 고정되어 있기 때문에 불꽃에 보내는 연료가스 양(약불~강불)으로 화력을 조절한다. 화력을 바꾸면 열풍 온도가 달라지고, (열풍 유량이 같아도) 드럼에 도달하는 열량은 달라진다. 또 반열풍형과 직화형에서는 열관류와 전도, 복사 강도에도 영향을 준다. 일반적으로 고화력일 경우 열풍 유량을 줄여 가열할 수도 있지만, 골고루 볶아내기 어렵다는 난제가 생긴다.

열풍 유량은 일반적으로 배기 유량을 바꿔 조절하기 때문에 '배기 조절'이라고도 부른다. 드럼의 체적은 일정하기 때문에 풍량을 공급하기 위해서는 같은 체적의 공기를 드럼에서 밖으로 빼내야 한다. 이 환기 정도에 따라 열풍을 흘려보내는 강도가 달라진다. 송풍기로 급기구에 바람을 불어넣는 방법을 사용할 경우, 바람이 드럼 내부 콩들과 부딪혀 생각만큼 조절이 쉽지 않을 수 있다. 배기구 쪽으로 공기를 빼내면서 내부 압력을 줄여주는 편이 부드러운 환기를 유도할 수 있는 적절한 방법이라고 할 수 있다.

일반적인 배전기에서는 배기 덕트가 배기구(배기온도 260도 이하의 연도)와 연결되어 있어서, 그 드레프트 효과(연도 효과)로 드럼 안의 공기가 빨려나간다. 덕트와 배기구 사이에는 '댐퍼'라고 하는 개폐장치가 붙어있는데, 배전사들은 배전 중 그 열림 정도를 바꾸며 배기를 조절한다. 드럼식 배전기의 열풍 유량 조절은 2010년경부터 미국과 유럽의 배전사들 사이에서 큰 주목을 받고 있는데, 일본에서는 1970년대부터 당연하게 행해진 기술이었다. 가령 일본에는 배기 댐퍼 표준장치 배전기가 이미 보편화된 반면, 전통 있는 배전기 제조회사로 유명한 독일 프로밧이 댐퍼를 부착한 게 2007년경이다. 여기서도 일본 배전기술의 선진성을 엿볼 수 있다.

또 배기가 강할수록 콩에서 수분 증발이 빨라져 신속한 배전은 가능하지만, 휘발 성분도 함께 날아간다. 따라서 너무 강하게 하면 향미를 잃기 쉽다. 반대로 배전 종반부에 배기가 너무 약하면 연기가 제대로 빠져나가지 못해 페놀류에 의한 연기 냄새나 탄내 등 그을린 듯한 냄새가 콩에 남는다. 이러한 문제들 역시 배기를 통해 조절해야 한다.

배전 프로파일의 중요성

최근 중요성이 재인식되는 것 중 하나가 '배전 프로파일'이다. 배전 중 온도를 시간별로 기록하거나 사용한 생두 종류와 양, 1~2차 크렉, 배출 온도 및 시간, 화력과 배기의 조작 타이밍, 날씨와 습도 등 배전과 관련한 각종 정보를 기록하는 것이다. 생각한 대로 배전이 된 날이든 실패한 날이든, 기록을 남겨두면 다음번에 유용하게 활용할 수 있다. 배전사들은 자신의 기록뿐 아니라, 타인의 배전 프로파일을 참고할 수도 있다. 특히 최근 배전사들 사이에서는 '배전 합숙' 등으로 교류하며 배전 프로파일을 공유하거나 배전 콘테스트 수상자가 인터넷으로 내용을 공개하는 등 활동이 활발한 듯하다. 이러한 수요에 맞추어 배전기도 진화하고 있다. 온도 자동기록은 물론 미리 입력한 온도곡선을 그리며 화력과 열풍 유량을 자동조절하는 것도 있다.

단 온도 프로파일에 너무 의지하면 문제가 생긴다. 온도계 수치가 나타내는 것은 어디까지나 내부 공기의 온도일 뿐 콩 자체의 온도가 아니기 때문이다. 물론 드럼 안에서 제각각 다른 온도로 쉼없이 움직이는 콩의 온도를 측정하는 것은 거의 불가능하다. 따라서 결국 공기 온도를 측정하는 방법뿐이지만, 온도계 부착 위치와 배전기의 특성, 배전기 설치 장소의 환경 등 크고작은 요인들을 살펴 콩의 수분이나 배출 정도를 판단하는 일은 배전사의 감각에 의존할 수밖에 없다. '스위치 하나로 어디서든 맛있게 배전할 수 있는' 날은 여전히 멀고 먼 일인지 모른다.

여러 가지 배전

열풍에 의존하지 않는 배전기구

현재 사용되는 배전기들은 열풍이 전열의 중심적 역할을 하는 것이 대부분이다. 다만 콩이 가열되는 게 관건이기 때문에 열관류나 전도, 복사 중심이어도 문제는 없다. 일부 애호가들이 사용하는 질냄비나 다이보커피에서도 사용했던 수동드럼 등은 열풍 이외 전열의 기여도가 큰 부류라고 할 수 있다.

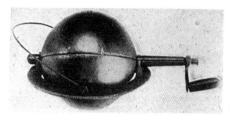

그림 6-11 19세기 볼 모양 배전기
Ukers 〈All About Coffee〉(1922)에서 인용.

　가장 극단적인 것으로는 밀폐된 금속구 속에 생두를 넣어서 볶는 19세기 프랑스 배전기구(그림6-11)가 있다. 프랑스요리 역사 전문가인 야마우치 히데후미(츠지요리교육연구소 소장)에 의하면 당시 프랑스에서는 요리 전반에서 '향을 놓치지 않고 가둬두면 맛있게 된다'는 논리가 상식으로 통했다고 한다. 따라서 커피 배전기는 물론이거니와 추출을 할 때도 '뚜껑'을 꼭 사용하는 포트가 개발되었을 정도다. 그 결과물은 과연 어떨지 궁금해할 독자가 많으리라. 실은 한 커피 전문지가 야마우치 씨에게 '발자크가 마신 커피를 재현하다'라는 기획 아래 실제로 원두를 볶아보는 실험을 요청했는데, 겉은 타고 속은 덜 익고 그을린 맛이 나지 않을까 하는 편견을 뒤엎고 잘만 볶아지더라는 것이다.

　이런 극단적인 배전은 지금은 거의 사라졌지만 배전에 끼치는 배기의 영향 및 질냄비로 볶은 커피의 향미를 해명하려면, 이런 유형의 기구를 사용한 실험도 필요하지 않을까 생각한다.

숯불 배전과 원적외선 배전

직화구이, 닭꼬치, 생선구이…. '구이요리'라고 불리는 이런 음식에 사용되는 것이 바로 숯불이다. 가스불보다 '본격적'인 이미지를 지녀서인지 숯불이라는 단어에서 '맛있을 것 같다'라는 울림을 느끼는 사람은 매우 많을 것이다.

커피도 예외가 아니어서 '숯불배전 커피'라고 쓰인 커피숍 간판이 1980년대부터 눈에 띄기 시작했다. 또 숯불과 같은 효과를 노리는 원적외선 세라믹히터를 사용한 배전기도 개발되었다. 그때 유행을 타고 유사한 명칭이 범람하자 커피 제품표시에 관한 공정경쟁 규정에 '숯불 배전' '숯 배전' '세라믹 원적외선' 등의 표현은 배전 시작부터 종료까지 일관적인 열원으로 사용할 때 외에는 쓸 수 없도록 명시했다. 단 원적외선을 사용하지만 광선이 도달할 수 없는 반열풍형이거나 원적외선을 흡수해버리는 유리로 씌워진 경우에는 그 실질적인 효과가 미미하기 때문에, 표기의 적절성에 의문을 제기하는 사람들도 적지 않다.

그런데 정말로 숯불이나 원적외선 배전을 하면 커피가 맛있어질까? 가스 불꽃(1700~1900도)에 비해 조리용 숯불화염(600~900도)은 온도가 낮으면서도 숯이 가진 원적외선이 방사되기 때문에 복사에 의한 전열 비율이 높다. 고기나 생선은 숯불로 구워야 맛있다고 하지만 이는 '원적외선이 내부에 침투해서'가 아니다. 원적외선은 쉽게 열로 바뀌기 때문에 물체에 닿으면 곧바로 흡수되어 물체 내부에 침투하는 거리는 겨우 0.1~0.2mm에 불과하다. 따라서 실제로는 물체 표면만을 강하게 가열한다. 고기나 생선이 맛있어지는 것은 이 강한 화력으로 달궈진 표면에서 피라진류 등 고소한 향이 발생하고, 나아가 표면이 단단하게 구워져 안쪽의 육즙 등이 흘러나오지 못하게 하는, '겉은 바삭, 안은 육즙 가득'한 상태를 만들기 때문이다. 그러나 커피의 경우, 그렇게 했다가는 겉은 타고 안쪽은 덜 익게 될 수도 있기 때문에 주의가 필요하다. 표면을 강한 화력으로 가열하고 싶다면 가스 불꽃으로도 충분할 것이고, 오히려 화력 조절은 숯불보다 가스불이 용이하다고 할 수 있다.

단 다른 식품에서는 같은 양의 원적외선을 방사하는 세라믹히터와 숯불로 구운 고기 등에서 나오는 향 성분 조성에 분명한 차이가 확인된다. 숯불에서 발생하는 연소 가스는 일산화탄소 등을 많이 함유하고 있어서 말하자면 '산결'에 가까운 상태에서 가열되기 때문에 탄향이 발생하기 어렵다는 가설도 있다. 커피를 같은 이치로 설명한다면, 원적외선이 아닌 다른 효과로 인해 '숯불배전 커피'의 향미가 만들어지는 것인지도 모른다.

과열수증기 배전

2004년 일본 최초 가정용 워터오븐 '헤르시오'가 대히트하면서 그전까지 업무용 스팀 컴백션오븐에만 이용되던 과열수증기 방식이 일반인에게도 친근한 것이 되었다. 과열수증기에는 응축전열로 효율성 높은 열을 전달하는 것 외에 몇 가지 특징이 있다. 먼저 대류와 같이 물체 주위를 돌며 전체를 가열하면서도 표면 온도가 낮은 곳일수록 응축을 일으키기 쉽기 때문에 가열이 안 되는 곳이 적고 골고루 익힐 수가 있다는 점이다. 또 콩 표면에서 발생하는 수분이 표면만 먼저 유리화되는 것을 막아주고 심지부터 수분 이동이 원활한 상태로 온도를 올릴 수 있어 건조한 공기보다도 빠르게 콩 전체의 수분을 빼줄 수가 있다.

이 특징에 주목하여 커피 배전에 응용할 수 없을까 모색한 사람과 기업은 많지만, 결론부터 이야기하면 적어도 처음부터 마지막까지 과열수증기만으로 테스트한 배전 결과는 그다지 성공적이지 않았다. 아마도 후반부의 건조한 배전을 유도하기가 어려워서 커피다운 향미가 나오기 어려운 것은 아니었을까 싶다. 단 사용량과 타이밍에 따라 재미있는 효과를 얻을 수 있을 것이라고 여겨진다.

그런데 배전 도중 증기를 이용하는 기술은 최근 다른 목적으로도 사용된다. 로부스타를 배전하기 전에 수증기로 처리하면 부족한 산미를 높이고 쓴맛과 흙맛을 줄일 수 있다는 것이다. 본래 1970년대에 독일에서 위를 자극하는 원흉(?)이라고 여기던 클로로겐산을 분해해 줄이기 위해 고안한 방식이지만, 저품질 저가 로부스타의 향미 개선에 사용할 수 있다는 것이 알려지면서 1990년대 후반부터 많은 대기업들이 이 방식을 채용하고 있다. 그러나 한편으로는 이 기술이 개발되면서 로부스타 수요가 확대되고, 이것이 베트남 커피 생산을 촉진해 세계적인 생산 과잉을 불러일으켜, 커피가격 폭락(제2차 커피 위기. 1999~2003년)까지 초래한 원인 중의 하나가 되었다.

일본의 장인의 저력 : 카페 바흐의 시스템 커피학 사례

2013년 6월, 일본의 커피 관계자를 기쁘게 하는 빅뉴스가 날아왔다. 프랑스 니스에서 열린 제1회 세계커피배전선수권대회에서 일본 대표로 참가한 후쿠오카의 고토 나오키 씨가 영광스런 세계챔피언이 된 것이다. 우승의 결정적 요인은 생두가 지닌 특징을 잘 파악해 의도한 대로 향미를 만들내는 높은 기술과 정확함이었다. 일본의 뛰어난 배전기술이 세계에서 입증된 순간이기도 했다.

일본은 1970~1980년대 '커피숍(킷사텐) 황금시대'에 독자적으로 추출과 배전기술을 연마한 역사가 있다. 당시 활약하던 배전 장인들의 노하우에는 현장을 아는 사람만의 경험치가 녹아있어서 그들만의 새로운 세계를 보여주는 곳이 많다. 그 중 하나가 카페 바흐의 타구치 마모루 씨가 고안한 배전 방법론이다. 그 이론은 저서 《타구치 마모루의 커피대전》에서 '시스템 커피학'이라는 이름으로 집대성되었다. 앞서 말한 고토 씨도 타구치 씨에게 배전 기초를 배운 제자 중 한 명이다.

이 시스템 커피학의 최대 특징은 콩의 잠재된 맛과 개성을 파악하는 방법에 있다. 커피업계에서 '만델린은 깊이와 쓴맛' '모카는 향과 산미' 등의 표현을 사용해 각 커피 맛을 산지와 품명으로 설명하는 것이 일반적이다. 그러나 타구치 씨는 생두의 출산지보다 콩의 두께와 크기, 함수율 등 물리적인 특징에 주목하는 편이 커피의 특징을 설명하는 데 정확하다는 점에 주목하였다. 그리고 '얇고 작으며 수분이 적은 콩은 열전달이 잘 되어 배전 진행이 빠르다. 이런 생두는 약배전을 할 경우 가벼운 산미와 향이 나지만, 강배전에서는 향미가 날아가 개성을 잃는다.' '콩이 두껍고 튼실하며 수분이 많은 콩은 배전 진행이 더디기 때문에 약배전을 하면 풋내와 아린맛이 나기 쉽다. 반면 강배전을 해도 양질의 산미가 여전히 남아서 깊이 있는 맛을 낸다.'라는 경험치를 소개했다.

이 법칙을 보다 간명하게 전달하기 위해 생두를 외관별로 A~D 까지 네 가지 유형으로 분류해, 열전달이 쉬운 것(A타입)일수록 약 배전에 어울리고, 열전달이 어려운 것(D타입)일수록 강배전에 어울린다고 설명하는 것이 '시스템 커피학'이다. 얼핏 단순한 법칙으로 들리지만 다시 생각해보면 '외관에 주목한다'는 것이 매우 중요한 포인트이다. 이 이론에는 맛과 향의 성분이라는 화학적인 측면에 주목하는 과학자일수록 놓치기 쉬운 '맹점'이 있기 때문이다.

과학자들의 맹점

우리 앞에 산지가 다른 두 잔의 커피가 있다고 치자. 동일한 방법과 강도로 배전하여 같은 조건으로 추출을 했는데 향미가 서로 다르고, 배전콩 성분 분석결과 역시 달랐다고 하자. 이 두 잔의 차이가 만들어지는 이유를 어떻게 설명하면 좋을까.

나를 포함한 대다수 과학자들은 '생두 성분 조성에 화학적인 차이가 날 가능성'을 우선 생각한다. 그리고 생두를 갈아서 성분을 추출한 뒤 화학분석을 거쳐 그 차이를 확인하려고 들 것이다. 그러나 실제로 검증한 결과를 보면, 그 차이가 거의 없다는 사실이 드러난다. 한편 시스템 커피학이라면 다른 대답을 내놓을 것이다. '향미의 차이는 생두의 두께와 크기 등 모양새의 차이, 즉 물리적인 차이에서 비롯된다'라는 가능성 말이다. 이는 가장 먼저 생두를 분쇄하려는 과학자들에게는 '콜럼부스의 달걀' 같은 발상의 전환이라고 할 수 있다.

이를 고려해 생각해보면 스페셜티 커피가 보급되기 이전 시대는 '화학적 차이'보다 '물리적 차이'가 중요한 요인이었다. 적어도 20세기까지 유통되던 아라비카종의 대부분은 티피카종과 부르봉종의 2대 품종 중 어딘가의 계통이었다. 두 가지 품종 성분 조성에는 큰 차이가 없지만 생두 모양은 달라서 부르봉 쪽이 더 작고 둥글다. 산지마다 주력 생산품종은 서로 다르고, 또 생두는 생산국이 마련한 독자적 기준 아래 크기와 고도 등 등급을 구분해 수출된다. 때문에 이 단계에서 생두 크기와 두께, 밀도와 수분 등 산지별 특성이 반영되기 쉽다.

시스템 커피학은 막연하게 '산지의 특성'으로 받아들이기 쉬운 이들 특성을 관찰·분석해, 물리적인 시스템으로 만들어지는 생두의 특징적인 맛 차이를 구분한다고 할 수 있다.

단 스페셜티 이후 시대로 접어들어 게이샤 등 새로운 품종이 출현하고 여러 정제법이 등장하면서 화학적인 차이도 다양화되는 추세다. 실제로 타구치 씨는 저서 《타구치의 스페셜티 커피대전》에서 새로운 세계로 들어선 커피의 특성을 살리기 위한 고민이 복잡해지고 있다고 서술한다. 이들 커피에 관한 이론은 앞으로 더욱 정교하게 진화될 것이라 생각한다.

콩의 고르지 못함을 파악하다

그런데 생두의 물리적인 '모양' 차가 어떻게 향미의 차이와 연결되는 걸까. 이쯤에서 기억해야 하는 게 '거쳐온 과정에 따라 맛있음은 변한다'는 말이다. 고작 1cm 크기의 생두지만, 배전 중 콩 표면과 내부의 온도 및 수분 차이를 만들어내기에 충분한 두께다. 얼핏 균일하게 구워지는 듯해도 콩의 표면만 깎아서 내린 커피와 중심부만 모아 내린 커피를 마셔보면 그 차이를 확연하게 느낄 수 있다. 어느 콩이든, 수분이 빠지기 쉬운 표면은 A타입에 가까운 반면 수분이 쉽게 날아가지 못하는 중심부는 D타입에 근접한 향미를 띤다. 즉 한 알의 커피콩도 미크로하게 보면 향미가 다른 부분이 섞인 '블렌딩' 같은 상태이다. 나아가 얇고 작은 콩은 전자, 두껍고 굵은 콩은 후자의 '배합비율'이 높을 수밖에 없다. 향미 밸런스가 달라지는 건 당연하다.

시스템 커피학에서는 이 외에도 이렇듯 동일하고 균일하게 보이지만 실은 그렇지 않은 부분에 관심을 쏟는다. 가령 타구치 씨는 핸드피크가 결점두를 제거할 뿐만 아니라 '집단으로서의 생두'를 관찰하는 의미도 있다고 설명한다. 다시 말해 B타입으로 분류된 콩도 사실은 크기와 두께, 함수량 등 상이한 개체들의 묶음이라는 것이다. A타입에 가까운 것과 C타입에 가까운 것까지 섞여있는 콩들의 평균치가 B타입이라는 의미일 뿐이다. 또 생두가 들어있는 자루를 열어서 전부 다 사용할 때까지 걸리는 몇 개월 간의 수분 변화도 고려해야 할 중요한 요인이라고 그는 강조한다. 표면과 내부,

굵기 등 고르지 못한 상태를 배전할 때마다 확인해서 어떻게 배전해야 그 서로 다른 분포를 가장 적절하게 아우를 수 있을지 생각하는 방법론이 바로 시스템 커피학이라 할 수 있다.

커피가 농산물이기 때문에 결과물이 '항상 똑같지 않은' 것은 지극히 당연하다. 이 부분까지 고려해 실용적으로 고안된 이론은 적어도 내가 아는 한 타구치 씨의 시스템 커피학 외에 없다. 배전을 과학적으로 설명하려는 연구자들이 21세기인 지금도 발을 들이지 못한 영역에 일본 배전사들은 숱한 '현장'의 시행착오를 겪으며 이미 1980년대에 도달해 있었다. 타구치 씨가 대표적인 사례이다. 어쩌면 다른 자가배전숍에서도 아직 과학자들이 밝혀내지 못한 '현장의 지식'들이 조용이 잠자고 있을지 모른다.

제7장

COFFEE SCIENCE

커피 추출

커피에 흥미가 생겨 '좀 더 본격적으로 알고 싶다'고 생각한 사람이라면, 어떤 걸 가장 먼저 시도할까. 아마 대부분은 직접 커피를 내려보겠다며 간단한 기구를 마련해 '추출'부터 시작할 것이다. 그런데 막상 해보면 생각한 맛을 내기 어렵다는 현실에 직면한다. 왜 그럴까? 아마도 드리퍼 안에서 일어나는 과학적 현상을 이해하면, 힌트를 얻을 수 있지 않을까 싶다. 이번 장에서는 커피 추출에 숨겨진 과학을 살펴보도록 한다.

추출 직전에 분쇄하면 맛있음도 Up!

원두 성분을 녹여 커피를 우려내기 위해서는 우선 배전한 콩을 분쇄해 가루 상태로 만들어야 한다. 딱딱하기만 한 생두와 달리 배전 원두는 세포벽이 '단단하지만 무른 상태'로 변화되어 있다. 따라서 힘을 가하면 쉽게 깨지고, 세포공간 내부에 '녹아 굳어있던 성분'이 벽이 깨지면서 가루의 표면이 되어 노출된다(그림 7-1).

　이 '녹아 굳은' 것은 커피의 색과 향미 성분이 유지분 등과 섞인 것으로, 추출 시 여기에 뜨거운 물이 닿으면 성분이 다시 녹아나온

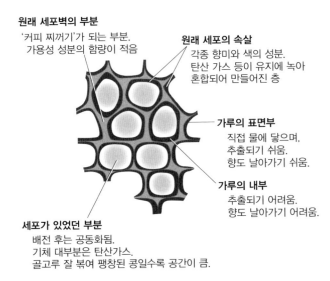

원래 세포벽의 부분
'커피 찌꺼기'가 되는 부분.
가용성 성분의 함량이 적음

원래 세포의 속살
각종 향미와 색의 성분.
탄산 가스 등이 유지에 녹아
혼합되어 만들어진 층

가루의 표면부
직접 물에 닿으며,
추출되기 쉬움.
향도 날아가기 쉬움.

가루의 내부
추출되기 어려움.
향도 날아가기 어려움.

세포가 있었던 부분
배전 후는 공동화됨.
기체 대부분은 탄산가스.
골고루 잘 볶여 팽창된 콩일수록 공간이 큼.

그림 7-1 분쇄 후의 커피 상태

다. 콩을 분쇄하면 추출하기 쉽지만 향의 비산 및 성분 산화가 가속돼 원두 상태일 때보다 5~10배 빠르게 열화가 진행된다. 따라서 추출 직전에 콩을 분쇄하는 것이 '커피를 맛있게 내릴 수 있는 방법' 중에서도, 철칙 중의 철칙이다.

커피그라인더는 수동과 전동이라는 구분 외에, 분쇄 부분의 구조에 따라 여러 가지 유형으로 분류된다. 단 미크로의 눈으로 보는 한, 분쇄 시 현상에는 그다지 큰 차이가 없다. 가령 예리한 가위로 콩을 두 쪽으로 잘라봐도 잘린 면은 반듯하지 않다. 맷돌 같은 날 형태로 갈 때도 마찬가지다. 잘리기 전에 이미 부서지기 때문이다. 원래 콩 세포벽은 강도가 다른 부위와 틈이 존재해서 금이 가기 쉽고, 어느 정도 힘이 가해지면 가장 약한 부분부터 파단破斷된다. 이 때문에 콩은 불규칙적으로 분쇄되고, 형상과 굵기도 다르다.

커피전용 밀 대부분은 파쇄를 반복해 일정 크기 이하가 된 가루부터 밖으로 나오는 구조이며, 갈리는 정도를 조절하도록 만들어져 있다. 이 부분의 구조와 성능, 관리 상태에 따라 입자의 고르기가 좌우된다. 특히 아주 작은 미립자의 비율이 많아지면 비표 면적이 증가하는 만큼 '맛없는 성분'까지 나오기 쉽고, 또 입자가 여과지를 빠져나와 혀에 느껴지는 감촉이 매끄럽지 않은 등 그다지 좋을 게 없다. 손이 많이 가기는 하지만, 분쇄 후 차거름망이나 고운 채에 걸러서 미분을 어느 정도 제거해 커피 분쇄가루의 굵기(메시)를 고르게 해주면 놀랄 정도로 맛이 변하니 한번 도전해보기 바란다. 특히 저가의 음식물 분쇄기 같은 그라인더(믹서밀)는 굵기 차이가 심하기 때문에 이 방법이 매우 효과적이다.

침지 추출과 투과 추출

커피 추출법은 여러 종류가 있지만 기본 원리로 구분하면 두 가지로 나뉜다. 하나는 분쇄된 커피가루를 물에 넣어 우려내는 방법이고, 다른 하나는 커피가루로 층을 만들어 여기에 물을 통과시키는 방법이다(그림 7-2).

전자는 '침지 추출'이라고 불리며 물에 넣어 가열하면서 끓여내는 것과 온수에 담그기만 하는 방법으로 나뉘는데, 추출 원리 자체는 동일하다. 커피 사이폰이나 프레스식, 터키시 커피 등이 여기에

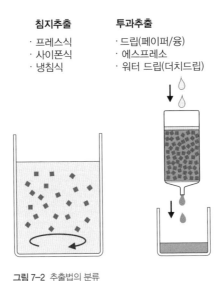

침지추출
· 프레스식
· 사이폰식
· 냉침식

투과추출
· 드립(페이퍼/융)
· 에스프레소
· 워터 드립(더치드립)

그림 7-2 추출법의 분류

해당한다. 한편 후자는 '투과 추출'이라고 불리며 드립식이나 에스프레소, 더치커피 등이 여기에 속한다. 또한 홍차는 전형적인 침지식 추출이다.

침지 추출의 기본 원리

그렇다면 여기서 잠깐 고등학교 물리시간의 실습문제 같은 이야기를 해보자. 커피 추출을 이해하기 위해 단순화시킨 이론모델로 바꿔서 기본 원리를 설명해보도록 하겠다.

우선 원리가 비교적 단순한 침지 추출부터 시작한다. 모델로서 컵 안에 일정량의 커피가루와 물(온수)을 한 번에 다 붓고 섞어주면서 일정한 간격으로 액체를 꺼내 그 안의 한 성분(성분 A라고 함)도를 측정하는 실험을 한다고 생각해보자. 가능한 단순화하기 위해

가루 흡수나 성분 농도의 편중, 성분끼리의 상호작용 등은 무시할 수 있다고 치자.

추출 시작 시점에는 성분 A의 전량이 가루에 존재하고, 그것이 서서히 물로 이동해간다. 여기서 주의해야 할 점은 얼마만큼 긴 시간이 경과하더라도 성분 A가 100% 다 물로 이동하지 않는다는 점이다. 실은 추출 중 성분 A는 가루에서 물로 이동할 뿐만 아니라 물에서 가루로도 이동한다(그림 7-3). 이것이 소금이나 설탕을 물에 녹이는 '용해'와 다른 부분으로, 물리화학에서는 이 현상을 '분배'라고 부른다. 이런 예는 성분이 가루와 물 두 가지 상相으로 분배되기 때문에 '이상분배二相分配' 또는 고체와 액체 간 분배이기 때문에 '고액분배固液分配'라고 한다.

성분 A가 어느 상에서 다른 상으로 이행하는 시간당 성분량(이행속도)은, 이동원移動元이 되는 상에서의 농도가 높을수록 커진다. 추출 개시 시점에서는 가루 안에 있는 성분 A의 농도가 최대로, 물에는 전혀 들어있지 않기 때문에 가루에서 물로의 이행속도가 최대치, 물에서 가루로의 이행속도는 0이다. 이윽고 가루 안의 농도가 감소하고 물 속 농도가 증가함으로써 가루에서 물로 이행속도는 감소하는 반면 물에서 가루로의 이행속도가 증가한다. 그러다 양쪽의 속도가 비슷해지는 시점에서 더 이상 성분은 이동하지 않는다(평형상태).

물론 커피에 함유된 성분은 한 종류가 아니다. 그러므로 이제 친수성이 높아 용해되기 쉬운 성분 A와 친유성(소수성)으로 용해되기 어려운 성분 B가 포함되는 경우를 생각해보겠다. 성분 A는 신속하

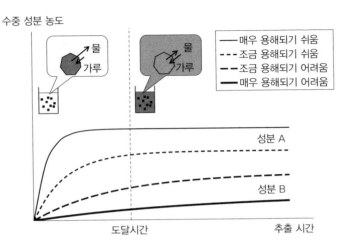

그림 7-3 침지 모델과 그 추출곡선
컴퓨터에 의한 시뮬레이션 결과.

게 추출되어 평형상태에 이르는 반면, 성분 B는 천천히 추출되며 평형에 도달한다. 추출액 전체를 생각하면 시간이 경과할수록 성분량 총화總和가 상승하는 동시에, 처음에는 성분 A의 비율이 높은 반면 시간 경과에 따라 성분 B의 비율도 증가한다. '시간이 경과할수록 농도가 진해지고, 동시에 용해되기 어려운 성분 비율이 높아지는 것.' 이것이 침지추출 추출곡선의 '기본형'이다(그림 7-3).

투과 추출의 기본 원리

다음은 투과 추출이다. 침지 추출보다 많이 복잡하지만 가능한 단순화시키기 위해 드리퍼를 하나의 원형으로 바꾼 모델을 사용해 그 원리를 설명한다(그림 7-4).

통 안에 커피가루(미리 물을 흡수시킨 상태)의 층을 만들어, 위에

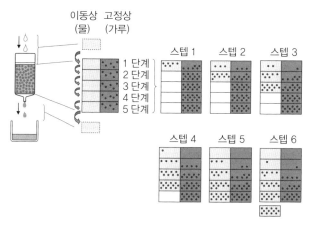

그림 7-4 커피의 투과 추출모델 이론
단수를 5로 했을 때, 성분(●)의 용해추출 패턴을 표시함.

서 물(온수)을 조금씩 더하는 방식을 생각해보자. 물은 거의 일정한 속도로 가루와 층을 통과하여 일정 시간이 흐르면 통 아래로 나오기 시작하고, 이때 가루에서 물로 성분이 추출된다. 이것을 여러 차례 반복함으로서 추출된 액체가 쌓여간다. 이때 성분의 움직임을 설명하려면 수학적인 해석 방법도 있지만, 꽤 난해하기 때문에 여기서는 유사한 다른 방법을 소개하려 한다.

이 모델을 조금 달리 보기 위해 통을 같은 간격으로 층층이 나눈다. 처음 실험에서 '길이 5cm의 가루 층을 30초 걸려 물이 통과'했다면, 5개의 각 단계를 각 6초씩 걸려 물이 통과한다는 계산이 나온다. 이 각 단계에서 일어나는 추출을 '6초간 침지 추출'을 한 것과 유사하다고 가정하자. 이후 보충 설명하겠지만 우선 '각 단계 추출이 6초로 거의 평형에 달한다'는 가정 하에 성분 A의 움직임을

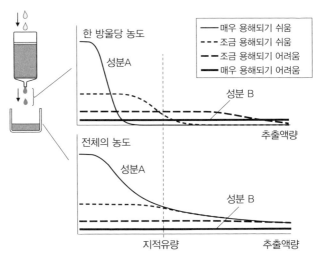

그림 7-5 투과 추출 모델 추출곡선
이론단수 40에서 시뮬레이션한 결과.

생각해보겠다.

1단에 소량의 물을 부어 추출을 시작하면 곧 평형에 도달해 성분 A가 일정한 비율로 가루와 물에 분배된다(스텝 1). 그리고 6초 후, 그 물이 2단으로 이동함과 동시에 1단에 새로운 물이 더해져 각 단에서 분배가 일어난다(스텝 2). 이때 1단에서는 스텝 1에서 가루에 남은 분량만, 2단에서는 스텝 1에서 1단에 물로 이행된 분량과 2단에서 가루가 최초에 머금고 있던 분량의 합계가 각각 일정비로 가루와 물에 분배된다. 이윽고 6초 후에는 물이 다음 단으로 이동하기를 반복해 마지막 5단째에서 통의 아래로 떨어진다.

이 모델을 시뮬레이션하면(그림 7-5), 최초에 나온 추출액 안에는 성분이 고농도로 농축된다. 이후 한동안 거의 일정한 농도로 추출되다 서서히 그 농도가 낮아지면서 마지막에는 거의 묽은 액체가 추출돼 전체 농도가 조정된다. 또 침지 추출의 경우처럼 A, B 두 가지 성분을 고려해보면, 친수성 성분 A는 B보다도 고농도로 추출되어 빨리 나오지만, B는 이후 저농도 상태로 지속적으로 추출되기 때문에 추출액 전체에서는 B의 비율이 점차 증가한다. '처음에 농축액으로 추출되던 커피가 유출량이 증가하면서 점점 흐려지고, 용해되기 어려운 성분 비율은 점차 높아진다.' 이것이 투과 추출 모델의 추출곡선 '기본형'이다.

드립식은 크로마토그래피

대학에서 분석화학을 배운 사람이라면 지금까지의 설명을 듣고 떠오르는 게 있을 것이다. 사실 성분 분리와 분석에 사용하는 이 모델은 '크로마토그래피Chromatography'의 원리를 응용한 것이다.

'그게 뭔데?' 생각하는 사람들이라도 여과지로 잉크 색소를 분리하는 실험은 초중고에서 해본 적 있지 않을까? 가늘고 길게 자른 여과지를 세로로 매달아서 밑에서 3cm 정도 떨어진 곳에 잉크를 한 방울 적신 후 종이 하단에 물을 두어 흡수하게 한다. 이 실험은 페이퍼 크로마토그래피라고 불린다. 모세관 현상으로 물이 상승하면서 잉크 색소도 이동하는 것인데 성분 별로 이동도가 다르기 때문에 한 가지 색이던 잉크가 여러 색으로 나뉘는 것을 관찰할 수 있다. 이와 같은 원리로 유리관(칼럼, 통관)에 실리카겔 등을 넣어

층(고정상)을 만든 뒤 상단에 잉크를 올린 후 용매(이동상)를 흘려서 분리하는 것이 '칼럼 크로마토그래피column chromatography'이다. 앞서 말한 커피 추출모델은 이 응용으로, 시작할 때 잉크가 상단뿐만 아니라 고정상 전체에 균일하게 분포된 경우에 해당한다.

칼럼을 몇 개의 단으로 나누는 개념은 크로마토그래피 원리를 설명할 때 이용되는 수법으로 '단이론段理論'이라고도 부른다. 크로마토그래피에서는 성분을 분리하는 성능이 많은 요인으로부터 복잡한 영향을 받지만 단이론을 사용해 생각하면, 가상의 단段 총수가 분리능을 결정하는 단일 파라미터parameter가 되기 때문에 각 요인에 의한 영향을 쉽게 이해할 수 있다.

유속은 특히 중요한 요인이다. 앞서 말한 사례에서는 '전체를 30초 걸려서 통과한다'는 5단 칼럼을 가정했지만 60초 걸려 흘러가도록 유속을 늦추면, 10단까지 가능해져서 분리 기능이 향상된다. 다만, 어느 정도까지는 유속이 느려진 만큼 단수가 증가하지만 너무 느려지면 서로 이웃하는 단들 간 성분 확산을 무시할 수 없게 된다. 그로 인해 경계가 애매해지는 만큼 단수도 감소한다.

또 '각 단이 평형에 달할 때까지 6초'가 걸린다고, 침지 모델보다 짧게 잡은 것은 각 단에서 가루와 접촉하는 물의 양이 충분히 적다고 가정했기 때문이다. 엄밀히 말하면 성분 이동 프로세스에는 가루에서 물, 물에서 가루로의 이행 외에도 가루와 물 안에서의 성분 확산도 영향을 준다. 그러니까 물의 비율이 가루보다 높은 침지 모델에서는 수중 성분 확산에 필요한 시간을 무시할 수 없을 만큼 이행속도가 줄어들기 때문이다. 투과 추출에서 시간을 무시하기로

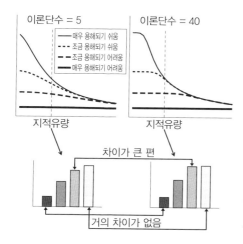

그림 7-6 이론단수와 성분 밸런스
지적유량至適流量으로 추출을 멈춘
경우, 용해되기 쉬워 전부 추출된
성분과 용해되기 어려워 그때까지
거의 미미하게 일정 수준으로 추출
되는 성분은 이론 단수가 늘어도
변동이 적지만 중간지점 성분은 농
축된다.

가정한 것은, 이 전제가 붕괴될 경우 추출 중 물이 저류貯留하는 과정에서 단수가 줄어들 수 있기 때문이다. 이 외에도 다른 조건이 같다면 굵고 짧은 칼럼보다 같은 체적으로 가늘고 긴 쪽의 단수가 증가하는 등의 여러 가지 요인이 관여하게 된다.

성분을 깨끗하게 분리하는 것이 목적인 크로마토그래피에서 이론 단수는 크면 클수록 바람직하다. 다만 실험실에서 사용하는 길이 몇 센티미터의 칼럼으로는 수십 단에 불과한 데 반해 성분분석용 HPLC(고속액체 크로마토그래피)나 GC(가스 크로마토그래피)로는 수천~수만 단까지 나뉜다.

물론 커피 추출에서 중요한 것은 '맛있게'이기 때문에 분리능은 그리 중요한 변수가 아니다. 다만, 드립 추출을 할 때 물을 붓는 방법 하나로 맛이 변하는 이유를 단이론으로 설명할 수 있다. 극단적으로 용해되기 쉬운 성분과 용해되기 어려운 성분이 추출되는 과정에는 큰 영향이 없지만 드리퍼 내부 가루층 두께를 유지하면서, 천천히 그리고 멈춤 없이 물을 부으면 그 중간에 해당되는 성분이 추출 과정 전반에 걸쳐 농축되어 나온다. 이것이 전체적인 농도감을 높이고 성분 밸런스를 변화시켜 맛이 달라지게 한다(그림 7-6).

추출은 '멈출 때'가 중요

커피 추출 현장의 지식과 이론모델을 좀 더 비교하면서 이야기해 보자. 일반인을 위한 커피 책들은 커피를 맛있게 내리는 방법에 관해 여러 가지를 소개한다. 가령 침지식 커피프레스에서는 '오래 추출하면 잡미가 나오기' 때문에 적절한 타이밍에서 추출을 멈추는 것이 중요하다고 소개하고, 투과식 드립에서도 '맛있는 성분이 먼저 나오고 이후 잡미가 흘러나온다'라는 문장이 많이 보인다. 어느 설명이든 동일하게 반복하는 내용은, 추출 후반에 잡미가 나오기 때문에 적절한 타이밍에 추출을 멈추는 게 중요하다는 것이다. 이를 이론모델에 겹쳐보면 하나의 경험치가 나온다. 침지 추출은 '시간 경과에 따라', 투과 추출은 '유출량이 증가함에 따라' 용해되어 나오는 성분 비율이 증가한다. 이와 함께 잡미도 증가한다고 하니, 그 말인즉 물에 용해되기 어려운 성분 안에 '맛없는 성분'이 많다는 이야기다.

이 '맛없는 성분'의 정체는 과연 무엇일까? 너무 오래 추출한 커피프레스나 드립 커피를 마시면 커피다운 쓴맛과는 다른, 혀에 오래 남는 쓴맛과 떫은맛이 느껴진다. 이렇게 쓰고 떫은맛을 내면서 친유성이 높은 성분으로는 메일라드 반응 과잉으로 생성된 '나쁘게 탄 성분'인 커피멜라노이딘, 에스프레소 쓴맛인 VCO가 더욱 축합된 중합물인 비닐카테콜폴리마vinyl catecol polymer 등이 있다. 4장에서 설명한 대로 친유성이 높은 물질은 타액에 의해 쉬이 씻겨 내려가지 않고 구강 내에 오래 머문다. 그것이 쓰고 떫은맛처럼 좋지 않은 인상을 지니면, 더욱 강렬하게 '맛없는 맛'이라고 느낄 공산이 크다.

단 어느 물질이 물에 잘 녹는지 아닌지만으로 그 물질의 맛있고 없음을 판별할 수는 없다. 참기 힘든 신맛 유기산이나 떫으면서 신 카페산처럼 친수성을 지닌 '맛없는' 성분이 있는가 하면, 아주 '맛있는' 친유성 성분도 커피에 함유되어 있기 때문이다. 다만 친유성을 지닌 쓰고 떫은맛이 강렬한 '맛없음'을 내기 때문에 이를 가능한 녹여내지 않는 추출법이 커피를 맛있게 내리는 기본적인 기술로 알려진 듯하다.

추출 온도의 기본은 '천고심저'

맛있게 추출하는 여러 조건 중, 온도는 향미에 절대적인 영향을 미치는 요인이다. 물질(용질)의 용해도가 온도에 따라 달라지는 것은 이미 잘 알려진 사실이다. 여기에 커피 원두에는 '물에 용해되기 어려운(친수성이 낮은)' 성분들이 섞여있기 때문에, 가루와 물의 분배 비율도 온도에 따라 변화하는 것은 당연하다고 할 수 있다. 온도와 용해도의 관계는 용질에 따라 달라진다. 온도가 높아야 쉽게 녹는 게 있는가 하면, 반대로 높은 온도에서 녹아나오기 어려운 것도 있기 때문에 한마디로 정리할 수 없다. 다만 커피의 경우 온도가 높을 때, 녹아나오는 성분 총량이 증가한다고 알려져 있다.

커피의 용해도에 온도가 주는 영향은 성분별로 다르기 때문에, 추출 온도에 따라 성분 밸런스가 변화하고 향미에도 변화가 생긴다. 구체적으로 어떤 온도에서 어떤 변화가 생길지 흥미가 넘쳐오르는 사람이 많을 것이다. 하지만 여전히 정체를 알 수 없는 성분이 많기 때문에 온도에 따른 커피의 변화를 명확히 규명해내지는 못하는 실정이다. 분명하게 이야기할 수 있는 것은 온도가 너무 높으면 잡미가 나오기 쉽고, 너무 낮으면 단시간으로 충분히 성분을 추출할 수 없다는 사실 정도다.

추출에 대해 명쾌하게 결론지을 데이터가 있는 것은 아니지만 지금까지 실험을 통해 얻은 결과로는, 클로로겐산을 가열해 만든 '중배전 쓴맛' 혼합물은 상온의 물로는 녹여내기 어려워 뜨거운 물로 녹일 필요가 있다. 반면 카페인과 유기산 그리고 카페산을 가열한 '강배전 쓴맛'의 혼합물은 상온수로도 녹여낼 수 있다. 여러 책이 소개하는 추출법을 종합해보면, 약·중배전은 고온, 강배전은 저온으로 내리는 것이 적절하다는 내용이 주류를 이루는데, 이는 어쩌면 '중배전 쓴맛' '강배전 쓴맛'의 용해도 차이와도 관계 있는 것이 아닌가 싶다.

추출 온도와 관련해 일본에서는 1970년~1980년대에 격렬한 논쟁이 벌어졌다. 1~2도의 미세한 차이를 놓고 양보 없는 설전이 오간 것이다. 하지만 결국 온도 측정법도 추출 조건도 서로 달라 상호 간 주장하는 수치를 정확히 비교대조하기 어렵다는 사실이 드러나면서 논쟁은 일단락됐다. 드립 온도 하나를 측정하는 데에도 포트 중앙 온도를 잴 것인지 드리퍼 안에 온도계를 꽂아서 잴 것인지, 온도계를 넣는다면 상부와 중앙, 하부 중 어디를 기준으로 측정할 것인지에 따라 전혀 다른 결과가 나온다. 게다가 어느 부위를 측정하더라도 추출 과정의 온도는 계속 변화할 수밖에 없다. 단 오해해서 안 될 것, '그래서 온도를 재는 것은 낭비'라는 말이 아니다. 가령 한 사람이 같은 기구, 같은 장소, 같은 추출 조건으로 내릴 때 포트 내 온도를 측정해 기록하는 것만으로도 '상대 지표'로서 충분히 유용한 자료가 된다. 같은 콩이라도 지난번보다 더 높은 온도로 내렸더니 내 취향에 가까워졌다든가, 지난번이 더 마일드하고 좋았다는 식으로 온도 정보를 이용하는 편이 세세한 수치에 연연하는 것보다 훨씬 더 빨리 내 취향을 찾을 수 있는 지름길이다.

분쇄 정도의 중요성

이론모델을 실제 현상과 대조해보면, 종종 맞지 않는 곳이 생긴다. 가루 굵기에 따른 영향도 '맞지 않는 부분들' 중 하나이다. 가령 침지식 추출에서 가루를 곱게 갈면 굵게 갈 때보다 성분 추출 속도 및 최종 농도가 높아진다는 사실은 경험으로도 실험으로도 이미 확인되었다. 그러나 앞서 기술한 침지 추출 이론모델에서는 추출

속도는 높아지되 최종 농도는 변하지 않는다는 결과가 나온다.

이런 어긋남(?)은 왜 생기는 것일까. 분쇄된 커피가루의 구조를 생각하면, 그 답이 보인다. 가루 표면에는 유지분을 베이스로 한, 녹아서 굳어진 성분이 있으며(그림 7-1) 여기에 색과 향미 성분 대부분이 녹아있다. 실제로 추출 시에는 이 유지분의 일부가 가루 표면에서 기계적으로 벗겨지거나(박리) 높은 온도로 인해 유동성이 증가하면서 온수에 녹아내려(용출) 액상 쪽으로 이동한다. 물론 노출되지 않은 가루 내부에서도 성분은 추출되지만 표면과 달리 내부 유지분은 빠져나오기 어렵고, 박리·용출된 이후 가루 내부에 재흡착하기도 한다. 즉 이론모델에서는 단순화를 위해 '가루 전체가 균일하다'고 가정하지만, 실제 가루의 표면과 내부 추출상황은 다를 수밖에 없다. 여기에 고체 상태의 표면 일부가 파괴돼 통째 물로 이행하는, 통상적으로 이론에서 무시하는 현상이 일어나기도 한다. 바로 이런 차이가 이론과 현실의 간극을 만들어낸다.

박리와 용출이 일어나면 통상적인 분배와 달리 친수성 성분과 소수성 성분이 함께 추출액 안으로 들어온다. 그리하여 추출 효율이 높아지고 농도가 높아지는 반면, 쓰고 떫은맛처럼 소수성의 '맛 없는 맛'이 너무 빨리 증가해 커피 맛을 버리게 된다. 분쇄된 가루 크기가 고르지 않고, 미분 비율이 높아졌을 때도 같은 결과를 초래한다. 또한 추출 중 심하게 저어 섞거나 추출 온도가 너무 높아도 박리와 용출이 증가해 같은 결과가 나타난다. 대다수 커피 책들도 이렇듯 '지나친 과정'을 커피가 맛 없어지는 요인으로 꼽고 있으며, 실제 경험치도 이 사실을 증명해준다.

거품이 커피를 맛있게 한다

여러 책에 쓰인 추출 테크닉을 비교해보면 흥미로운 점을 발견할 수 있다. 추출할 때 발생하는 '거품'에 대한 언급이 전 세계적으로 많이 보인다는 사실이다. 일본에서는 종종 드립과 사이폰 등으로 추출할 때 나오는 거품을 가능한 추출액에 떨어뜨리지 않는 것이 맛있게 내리는 비결이라고 말한다. 터키에서는 거품이 사라진 터키시 커피를 '얼굴이 없는 사람'에 비유하며 거품을 꺼뜨리지 않고 끓여내는 것이 맛있는 커피를 만드는 비결이라고 한다. 이탈리아 에스프레소에서도 컵 안에 떠있는 거품층(크레마)을 매우 중시해 좋은 크레마야말로 맛있는 커피의 조건이라고 한다. 아무래도 커피 거품이 맛있음과 깊은 관계가 있는 건 분명한 듯하다.

이 '커피 거품'은 어떻게 형성되는 것일까. 거품에는 두 가지 요소가 관여된다. 하나는 거품 자체를 만들어내는 탄산가스(이산화탄소)이며, 다른 하나는 만들어진 거품을 안정화시키는 계면활성물질이다.

거품 발생과 탄소가스

분쇄된 커피는 다공질多孔質로, 틈 내부는 배전할 때 생성되는 이산화탄소를 주성분으로 하는 가스로 채워져 있다. 세포벽 표면의 '끈끈한 물질'에도 배전 중 세포 내 높은 압력에 의해 생성된 가스가 대량으로 녹아 들어간다. 추출을 시작하면 여기서 발생한 탄산가스가 모여 수중에 기포를 형성하고, 이것이 액면을 향해 떠오른다.

단 에스프레소 머신은 예외여서, 10기압에 가까운 압력에 의해 가스 대부분이 액체로 녹아나와 머신 밖에서 상압으로 돌아올 때 순식간에 기포를 생성해 독특하고 섬세한 거품을 만들어낸다.

집에서 핸드드립을 할 경우, 가루 위에 물을 부으면 점점 부풀어오르는 모습을 본 적이 있을 것이다. 이 역시 탄산가스에 의한 현상이다. 뜨거운 물을 부어 가루 온도가 상승하면 물을 머금으면서 부드러워진(고무화) 세포벽 내부 끈끈이 물질에서 탄산가스가 급속도로 만들어진다. 그 가스의 압력으로 가루의 한 알 한 알이 팽창하고, 발생하는 기포와 함께 밀고 밀리면서 가루층 전체가 부풀어오르는 것이다. 이 부풀어오르는 모습은 콩 내부 탄산가스 양에 따라 달라진다. 그 양은 배전 직후가 가장 많고 이후 점차 빠져나가기 때문에 배전 이후 시간이 지나면서 서서히 거품이 줄어든다. 추출할 때의 부풀음이 신선함의 척도라고 여기는 이유가 바로 이 때문이다.

조금 보충설명을 하자면, 탄산가스 생성량은 배전도에 따라서도 차이가 있다. 약배전 콩은 강배전 콩에 비해 신선하더라도 덜 부푼다. 또 배전 직후에는 탄산가스가 너무 많아서 추출 중 가루 자체가 마구 뒤섞이거나 발생하는 기포가 가루와 물의 접촉을 방해해 제대로 추출할 수 없게 만들기도 한다. 이럴 때는 조금 시간을 두는 편이 낫다. 일반적으로 배전 후 하루 이틀 그대로 두었다가 드립을 하는 편이 좋다고 한다. 에스프레소 머신의 높은 압력도 본래 물이 가루에 접촉하는 시간이 짧은 만큼 접촉면에서 거품이 생기고 성분 추출을 방해하지 않도록 하는 역할이 있다. 실제로 콩에 따라서는 어느 정도 시일이 지나 가스가 빠져야 커피를 내리기 수월하고 향미도 좋아진다고 말하는 바리스타도 있다.

거품이 없어지지 않는 구조

추출 중 탄산가스 기포는 수면으로 상승하지만, 이것이 만약 단순한 온수나 그냥 물속이었다면 수면에서 금방 터져 사라질 것이다. 이 거품을 오랫동안 사라지지 않고 남게 하는 것이 바로 커피에 함유된 계면활성물질이다. 커피보다 더 잘 알려진, 거품이 사라지지 않는 예로 누구나 떠올릴 수 있는 것이 바로 '비눗방울'일 것이다. '물거품'이 금방 사라져버리는 이유는, 거품을 형성하는 물분자의 얇은 막이 물분자끼리 끌어당기는 표면장력을 이기지 못하고 터져버리기 때문이다. 반면 비눗방울은 이런 표면장력을 낮추는 물질(계면활성물질)을 함유하고 있어서 거품을 안정화시킬 수 있다.

실은 커피에도 비누와 같은 역할을 하는 계면활성물질이 들어있다. 수돗물과 커피 물을 각각 페트병에 넣어 격하게 흔들어보라. 커피액이 훨씬 더 거품이 많이 일며, 오랫동안 거품을 유지하는 것을 확인할 수 있다. 또 강배전과 약배전 커피를 비교해보면 강배전 쪽이 거품의 크기가 잘고 오랫동안 남는다.

커피의 계면활성작용에는 몇 가지 고분자군이 관여하는 것으로 알려져 있다. 이탈리아 일리 커피회사 연구에 따르면, 거의 맛이 안 나면서 계면활성이 비교적 약한 다당류와 쓰고 떫은맛을 내면서 계면활성이 강한 커피멜라노이딘으로 크게 나뉘며, 특히 후자가 중요하다고 한다. 또한 카페산을 가열해 쓴맛을 검토하는 실험에서 물에 녹여 흔들어 섞으면 커피와 똑같은 거품이 일어났던 것으로 미루어, VOC 등 폴리페놀도 한 몫을 하는 것으로 보인다. 커피 거품은 공기에 접촉하면 점점 색이 변해 흰색에서 진갈색이 되는데, 이 역시 산화와 pH로 변색되기 쉬운 폴리페놀의 구조(키노이드kinoid 구조)가 지닌 성질에 의한 것일지도 모른다.

기포 분리와 커피의 맛

그렇다면 이러한 거품은 커피 맛에 어떤 역할을 할까. 실은 분석화학에 거품으로 성분을 분리하는 '기포 분리'라는 수법이 있어서 광업 분야에서 물에 섞인 금속 미립자를 회수하거나(부유선광), 종이 공업 분야에서 펄프를 재생(오래된 종이에 함유된 잉크를 제거)할 때 응용하기도 한다. 몇 종류의 성분이 녹아있는 물에 계면활성물질을 더해 거품을 일으키면 일부 성분만이 거품에 모이는 현상을 이용한 것으로, 그 원리에도 이상분배가 관계되어 있다.

물(액상)에서 만들어지는 거품의 내부는 기체(기상)로 되어있어서, 거품의 밖과 안이 섞이는 일은 없다. 이 때문에 기상 부분이 소수적疎水的, 액상 부분이 친수적親水的인 이상분배(기액분배)가 일어난다. 계면활성물질은 하나의 분자 내에 소수성과 친수성이 양립하기 때문에, 이들이 각각 거품 내부와 외부를 향해 기체와 액체의 경계(기액계면)에 나란히 서는 성질을 지닌다(그림 7-7). 이렇게 계면활성물질과 소수성 성분이 액면에 뜨는 거품층에 선택적으로 흡착되는 것이다.

커피 거품도 이와 같은 성분들의 선택적 흡착이 일어나는 것으

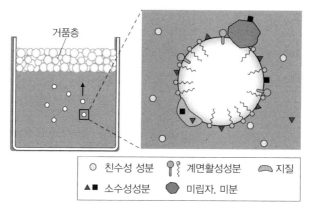

거품층

| ○ 친수성 성분 | ♀ 계면활성성분 | ◗ 지질 |
| ▲■ 소수성성분 | ⬡ 미립자, 미분 | |

그림 7-7 기포 분리

로 보인다. 계면활성과 소수성이 높은 커피멜라노이딘, VCO 등 페놀화합물이 농축되는 것 외에, 거품을 현미경으로 관찰해보면 미분과 기름방울 등이 모여있는 게 확인된다. 즉 쓰고 떫은맛을 만들어내는 성분과 혀에 안 좋은 느낌을 전하는 미분 등도 거품층에 달라붙은 것이다. 시험 삼아 드립 커피를 내릴 때 떠있는 거품만 핥아 맛을 보라. 누구든 금방 알 수 있을 정도로 '맛이 없다는' 것을 실감할 것이다.

'커피를 맛없게 하는 것이 거품에 모인다'는 말은, 거품을 통해 맛없는 요소들을 줄일 수 있다는 의미이기도 하다. 드립이나 사이폰의 비법 중 '거품을 꺼뜨리지 않도록' 하라는 말이 이런 맥락이지 않을까. 이런 추출법은 '맛없는 성분'이 추출액에 섞여들지 않게 할 뿐만 아니라, 물 위에 떠오른 성분마저 기포 분리로 다시 한 번 제거하겠다는 '이중태세'를 갖춘 셈이다.

한편 거품까지 함께 마시는 에스프레소와 터키시 커피 등에서는 거품의 역할이 조금 다르다. 그렇지만 '맛있는 에스프레소의 원천'인 크림 상태 거품 '크레마'도 성분상 드립의 거품과 별반 차이가 없다. 스푼으로 거품만 떠서 맛을 보면 '맛없음'이 확연하게 느껴진다. 다만 에스프레소의 거품을 모두 제거한 후 맛을 보면 이상하게 맛이 없다고 느껴진다. 또 잘못 뽑아서 크레마가 잘 생성되지 않거나 시간이 경과해 크레마가 사라진 에스프레소는 쓰고 떫은맛이 난다. 왜일까? 가령 아이스크림에서도 기포가 많이 들어있는 쪽이 입 안 촉감을 가볍고 매끈하게 하는 것은 이미 알려진 사실이다. 이런 원리로 잘고 고운 거품이 생성된 크레마의 공기가 입 안에 매끈하게 전해지며 잡미를 느끼기 어렵도록 만들기 때문이다. 즉 에스프레소는 거품에 '맛없는 성분'을 흡착시켜 커피액으로부터 줄여주는 동시에 이를 크레마로 만들어 맛있게 변화시키는 것이다. 오키나와에도 차발로 커피 거품을 일게 한 '보글보글 커피'라는 게 있다. 이 역시 크레마와 같은 원리를 응용한 것이다.

여과 방식

맛있는 성분을 충분히 추출한 후에도 계속해서 가루와 물을 접촉시키면 맛없는 성분이 점점 더 많이 녹아나온다. 이를 방지하기 위해 대부분의 추출에서는 막바지에 가루와 물을 분리하는 '여과'를 한다. 추출액을 다공질 재료(필디, 여과재)에 통과시켜 큰 입자를 걸

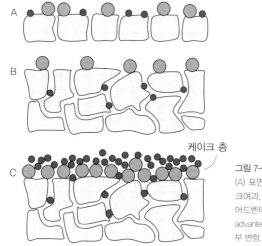

케이크 층

그림 7-8 여과의 구조
(A) 표면여과, (B) 심부여과, (C)케이크여과.
어드벤테크사 website(http://www.advantec.co.jp)의 도표를 바탕으로 일부 변형.

러내는 것이다. 여과의 원리는 크게 나눠 표면여과表面濾過, 심부여과深部濾過, 케이크여과 등 세 가지로 구분되며(그림 7-8), 이들의 조합으로 입자가 걸러진다. 어느 원리가 어느 정도 역할을 수행할지는 추출법 및 필터 종류에 따라 달라진다. 가루와 미분을 어느 정도 제거하고(여과 효율) 어떤 속도로 여과시킬지(여과 속도) 여부도 마찬가지다. 중력에 의한 여과(자연여과)만으로는 여과 속도에 한계가 있기 때문에 필터 입구에서 가압하거나(가압여과), 출구 쪽에서 감압흡인해(흡인여과) 여과 속도를 빨리하는 경우도 있다. 실제로 에스프레소나 사이폰 등은 이러한 방법을 이용한다.

몇몇 예외도 있지만 가루가 제대로 제거되지 않은 커피는 추출이 끝난 이후에도 성분 추출이 진행된다. 이로 인해 입 안 감촉을 나쁘게 만들고 좋지 않은 맛을 내는 듯하다. 틈과 구멍이 작고 내부까지 들어간 구조의 촘촘한 필터일수록 작은 입자를 잘 걸러내고, 조직이 성긴 나일론이나 금속 메시보다는 구멍이 작은 금속판 및 섬유조직처럼 된 종이가 미분을 잘 걸러낸다.

한편 여과 효율이 높을수록 그리고 필터 부분 면적과 유로가 좁고 열린 구멍과 틈이 적을수록, 한 번에 필터를 통과할 수 있는 액체량이 적어 여과시간은 길어진다. 이는 침지 추출에서는 추출 시간을 길게 하고, 투과 추출에서는 고정상에 액체가 머물러서 이론 단수가 감소되기 때문에 어느 쪽도 잡미와 분리가 안 되는 결과를 낳는다. 필터의 종류와 상태에 따라 잡미가 없는 깔끔한 맛이 나오는가 하면, 깊이 있는 맛을 기대하기 어려운 경우도 있다. 성분의 일부, 특히 유지분이 감소하기 때문이다. 실제로 융 드립에 이용되는 여과 천을 처음 사용할 때 섬유 표면에 미리 성분을 흡착시키기 blocking 위해 커피가루와 함께 끓이는 과정을 거친다. 또한 때때로 '종이와 천과 비교해 금속 표면에는 유지분이 흡착되기 어렵다'라고 설명하기도 하는데, 핵심은 오히려 미분 유출량 그 자체라고 할 수 있다. 유지분은 결국 가루 표면에 부착된 상태로 가장 많이 존재하기 때문에 커피 미분과 잘 섞이는 조건일수록 그 추출량이 증가한다.

여과되는 방향도 의외로 매우 중요하다. 가령 같은 침지 추출법이라도 커피프레스와 사이폰 중 전자에 유지분 양이 많다. 사이폰은 기포 분리에 의해 수면으로 이동한 미분과 유지분이 다시금 가루를 지날 때 '케이크여과'로 제거되기 때문이다.

재미있는 것은 '페이퍼 드립 달인'들의 추출을 잘 관찰해보면, 추출 종반부에 잠깐 거칠게 물을 붓거나 거품과 페이피의 경계 가까이 물을 부어서 표면의 거품을 아주 조금 흘려보내는 것을 볼 수 있다. '깊이 있는 맛이 다소 부족한 듯할 때' 그런 식으로 미세조정을 하는 것이다. 이렇게 커피 추출에 대해 파헤쳐보면 단순히 성분을 녹여내는 것뿐 아니라 녹아내리는 부분의 차이를 두어 조정하고, 때때로 잘 녹는 것과 녹지 않는 것을 골고루 이용해 향미 밸런스를 컨트롤하는, 매우 깊이 있고 과학적인 고등기술이라는 걸 알 수 있다.

추출법 각론

지금까지 커피 추출 과학에 초점을 맞춰 여러 가지 추출법을 살펴보았다. 이제 대표적인 추출법을 개별적으로 다루어본다.

드립(투과 추출+자연 여과)

드립식의 원형은 18세기 프랑스 '돈말탄의 포트'로 거슬러 올라간다. 초기에는 침지와 투과가 섞인 형태였기 때문에, 투과식을 확립한 최초의 기구는 '드 벨로와의 포트'라고 할 수 있다.

현재는 여과지를 사용하는 페이퍼 드립과 플란넬이라는 천으로 거르는 융 드립이 대표적이지만 나일론과 금속 메시필터, 금속판으로 걸러내는 베트남식도 같은 부류이다. 또 전동 커피메이커도 대부분 드립식이기 때문에 '세계에서 가장 보편화된 추출법'이라고 해도 무방하다.

커피와 프린터의 의외의 접점

커피를 컵에 붓거나 스푼으로 저을 때 실수로 한두 방울 테이블에 커피액을 흘린 적 있는가? 또 그런 일이 생긴다면 서둘러 닦지 말고 자연스레 마를 때까지 방치해 보기 바란다. 테두리 부분만 진해진 링 형태 모양이 남을 것이다(그림 7-9). 일명 '커피링 효과' 라는 현상이다.

최근 이 현상이 어느 업계에서 큰 주목을 받았다. 바로 컴퓨터용 프린터 업계이다. 컬러프린터를 한 집에 한 대씩 보급하겠다는 취지로 개발된 것이 '잉크젯 방식'으로, 컬러 잉크의 미세한 액체 방울들을 종이에 분사해 인쇄하는 방식이다. 그런데 이 프린터 개발 단계에서 잉크방울이 마를 때 '커피링 효과'가 일어나 얼룩이 생기거나 세밀한 그림들이 깨끗하게 인쇄되지 않아 문제가 발생한 것이다.

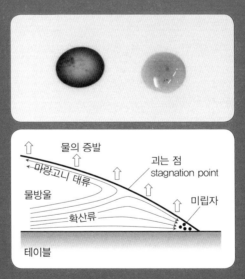

그림 7-9 커피링 현상과 그 메커니즘
위 사진 왼쪽이 링 형상 후. 오른쪽이 형상 전. 하단의 도표는 Li
(2015)를 바탕으로 변형 작성.

원인 규명을 위해 연구가 진행되었고 (①) 색소가 콜로이드colloid 입자를 형성한다. (②) 용액 중에 계면활성물질이 있다, (③) 물방울 크기가 일정 수치 이상이다, (④) 건조에 시간이 걸린다 등등이 링 형성의 필요조건인 것으로 드러났다.

콜로이드 입자를 함유한 방울이 물체의 표면에서 건조될 때, 그 내부에 각종 '흐름'이 발생한다. 그 중 영향이 큰 것이 액체방울 테두리 증발이 만들어내는 확산류擴散流와 이에 대항하는 액체의 표면장력이 만들어내는 '마랑고니Marangoni 대류'라고 불리는 흐름이다(그림 7-9).

커피처럼 계면활성물질을 함유한 액체는 표면장력이 약해서 마랑고니 대류도 약해지기 때문에 콜로이드 입자가 테두리에 모여 링이 형성되는 것이다. 프린터 잉크 역시 색소를 녹일 때 계면활성제를 사용하기 때문에 이 같은 현상이 일어난 것이었다. 원인을 규명한 각 제조사가 발빠르게 연구를 거듭하고 '피코리터pico liter' 단위 미소입자 방울을 분사할 수 있는 노즐을 개발하는 등 대책을 강구한 결과 컬러프린터 성능은 몰라보게 좋아졌다.

일본의 대다수 커피 관련 책들은 드립식을 추출의 맨 앞에 설명한다. '처음에 소량의 물을 부어 뜸을 들이고' 라든지 '물을 가늘게 붓기' 'の자를 그리듯 붓기' 등 잘 내리는 방법에 대해서도 다양한 방식을 소개하고 있다. 그러나 물 붓기의 '기법' 등은 일본 특유의 모습인 듯하다. 대만, 중국, 한국에는 이러한 일본 스타일이 전해져 이용되기도 하지만, 미국과 유럽에서는 이런 것에 집착하지 않고 한 번에 듬뿍 붓는 일도 흔하다. 멜리타 방식도 이렇게 한 번에 붓고 기다리는 방식이었다.

'드립'이라는 말은 본래 해동한 고기에서 베어나는 육즙처럼 '떨어져 나오는 방울' 즉 커피가 필터에서 똑똑 떨어지는 모습을 가리킨다. 일본에서는 '드립하다'라는 동사를 '커피 가루에 물을 붓는다' 의미로 사용하지만, 미국이나 유럽에서 일반적인 용법은 아니다. 아마도 '커피를 (서버에) 떨어뜨린다' 정도의 뉘앙스가 아닐까. 그 뉘앙스의 차이가 양방의 '드립관'을 잘 나타내는지도 모른다. 실제로 일본의 추출기술이 최근 주목받고 있는 미국에서는 그들이 떠올리는 '드립'과 구별해 '푸어 오버pour over(위에서부터 붓다)'라고 부르는 사람도 많아졌다.

일본과 미국·유럽 등지 드립관 중 어느 쪽이 옳은지 논쟁할 생각은 없다. 다만 물을 붓는 방법이 맛에 큰 영향을 준다는 사실만은 명백하다. 물을 한꺼번에 부을 때와 3~4차례에 걸쳐 나누어 부을 때 혹은 한 방울 한 방울씩 점처럼 떨어뜨릴 경우, 같은 원두라 해도 전혀 다른 맛의 커피가 된다. 물 붓는 속도가 너무 빠르면 이론단수가 적어(성분 분리가 나빠짐)지고, 물을 추가적으로 붓는 속도가 너무 빨라도 여과 속도에 비해 물이 내부에 물이 머무르는 시간이 적어 이론단수가 줄어든다. 즉 한꺼번에 많이 부을수록 침지식에 가까워지고, 찔끔찔끔 부을수록 투과식 같은 성분 농축이 일어나는 것이다.

일반적으로 일본에서는 강배전 커피에 성분을 농축시키는 추출법, 즉 내부에 머무르지 않고 액체가 잘 빠지는 기구나 필터를 사용해 조금씩 붓는 경향이 있다. 1970~1980년대를 풍미한 '강배전용 드립'이 그 전형이다. 일본에서 고안된 페이퍼드립 용구의 구조도 '3구멍' 칼리타 방식과 원추형으로 큰 구멍이 하나인 코노 방식 및 하리오 방식, 철망으로 된 마츠야 방식 등 물이 잘 빠지도록 배려된 것이 많다. 한편 약배전과 중배전에서는 강배전만큼 극단적으로 농축시키지는 않는다. 보통 페이퍼 드립으로 3~4회에 나누어 붓는 게 일반적이다.

드립은 기구도 저렴하고 '손쉬운 추출법'이라고 생각하기 쉽다. 하지만 물 붓는 방법에 따른 농축 정도 변화 및 기포 분리까지, 그 안에서 일어나는 현상을 고려해볼 때 꽤나 복잡하고 예민한 방식이다. 따라서 익숙해질 때까지 '원하는 맛을 내기' 어려운 추출법이기도 하다. 반면 기술 포인트를 익히면, 드리퍼 상태를 살피며 물 붓는 양을 가감하고 약배전에서 강배전까지 콩의 특징을 잘 살려가며 다양하게 추출할 수 있다. 커피는 드립으로 시작하여 드립으로 끝난다는 말이 어울릴 정도로, 알면 알수록 깊이가 있는 추출법이다.

일본류 드립의 기원을 찾아서

이 독특한 드립 기술은 어떻게 일본에서 자리잡고 발전할 수 있었을까. 일본에서 커피가 대중적으로 확산하기 시작한 1910년대 입문서를 읽어보면, 열탕에 끓이거나 침출된 것을 천으로 거르는 방법이 일반적이었다.

일본의 드립 기술은 1920년대 말부터 문헌에 잘 나와있다. 누가 처음 커피를 널리 알렸는지는 특정하기 어렵지만, 이민자로서 아르헨티나에서 성공해 훗날 '지모토 커피'를 창업한 시바하라 코헤이 씨가 1928년 NHK 주부 대상 방송에서 맛있는 커피 내리기 기술로 융 드립을 소개한 기록이 남아있다. 또 1930년대 다방 붐의 견인차 역할을 한 호시 류우조 씨의 카페 브라지레이로와 긴자의 브라질 정부

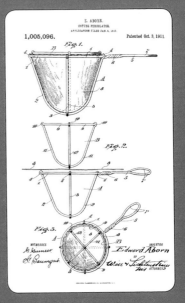

그림 7-10 메이크라이트 필터
(1922, 에드워드 에이본).

직영커피숍에서도 추출에 관한 소책자와 함께 프란넬과 모슬린(눈이 성긴 거즈)으로 된 가정용 천드립 기구를 배포하고 판매했다.

이렇게 시작된 일본의 드립 문화지만 실은 '원류'가 따로 존재한다. 1910~1920대 미국의 커피 붐이다. 당시 미국에서는 드 벨로와 포트 등을 포함해 19세기 유럽의 추출기구 리바이벌이 유행하고 있었다. 또 뉴욕 아놀드&에이본 상회 에드워드 에이본이 1911년 지금처럼 손잡이가 달린 융 드립 기구와 거의 비슷한 형상의 '메이크라이트make-right필터'(그림 7-10) 특허를 취득해 〈티&커피 트레이드 저널〉에 커피 내리는 법에 관한 기사를 여러 차례 기고했다.

1916~1917년경 같은 집지에는 '드립 방식이 다른 추출법보다 뛰어나다'는 제목 아

래 드립, 사이폰, 끓여 우려내는 방식을 비교한 기사가 게재되었으며, 미국과 브라질의 커피업계 단체가 보급활동을 하던 때에도 이에 근거해 드립식을 '맛있는 커피 내리는 법'으로 소개했다. 일본에서는 1929년 호시 류우조가 쓴 《커피의 지식》에서 에이본 추출 기구 및 미국의 추출 현황을 소개하였고, 시바하라 씨도 이러한 해외 정보를 일본에 전 파했다.

그 후 효율성 우선 시대를 맞은 미국에서는 융 드립이 자취를 감췄다. 반면 페이퍼 드립은 커피메이커를 이용해 여러 잔을 한꺼번에 내릴 수 있는 기술로 살아남았다. 한 편 일본에 전해진 드립은 보다 좋은 향미를 추구하는 커피 애호가들에 의해 거듭 발전 하기 시작했다. 전쟁 당시 커피 유통 정지로 인해 단절의 시기를 겪지만 이후 부흥을 계 속해 사람들의 손에 의해 한 잔 한 잔 내리는 기술로서 독자적인 진화를 거쳤다. 그리고 1970~1980년대에 '일본류 드립'이란 이름 아래 융 드립과 페이퍼 드립이 동시에 성행 하기에 이르렀다.

미국에서도 1990년대 후반부터 소위 '제3의 물결'로 불리는 커피인들에 의해 드립 가 능성이 '재발견'되었다. 이와 함께 긴자의 카페 드 람부르, 다이보커피 등 융 드립 전문점 들이 미국과는 다른 진화를 거친 '일본류 드립'으로 세계의 주목을 받기 시작했다.

커피 사이폰

'마치 이과 수업의 실험' 같은…. 그런 표현이 어울리는 커피 사이폰. 물이 들어있는 유리플라스크를 알코올램프 등으로 가열해 가루가 들어있는 유리 깔때기를 꽂으면, 증기압으로 끓인 물이 상승해 깔때기 안으로 들어가 추출을 시작한다. 한참 후 불을 끄면 플라스크가 식으면서 내압이 낮아져 깔때기 출구에 있는 필터에서 흡인 여과된 커피액이 플라스크로 돌아오는 구조이다(그림 7-11).

잘 생각해보면 '사이폰'이라는 이름과 달리 '사이폰의 원리'는 작동하지 않는다. 사이폰 원리는 높이가 다른 두개의 수면을 물로 채워진 관으로 연결했을 때 물이 이동하는 현상인데, 이 기구에서 작동하는 원리는 물의 증발과 응축을 통한 압력이기 때문이다.

원리뿐 아니라 이름과 역사에 대해서도 여러 가지 다른 설이 나돈다. 현재 우리가 '커피 사이폰'이라고 부르는 추출기구는 유럽에서 '흡인식 커피메이커vacuum coffee maker' 또는 두 개의 유리 부속이 있는 형상에 기대 '더블유리 풍선형'이라고 불린다. 일본의 커피 책 대부분은 '1840년경 영국인 로버트 나피아가 개발한 것이 사이폰의 기원'이라고 소개한다. 하지만 이는 나피아식 커피포트라는 다른 기구이며 개발 당사자도 로버트 나피아(1791~1876)가 아닌 그의 아들 제임스 로버트 나피아(1821~1879)로, 정확한 개발 시기는 불분명하다. 같은 흡인식이라도 더 오래 전부터 사용한 더블유리 풍선형과는 다른 형상이며, 1830년대 독일과 프랑스에서 특허를 취득했다는 말도 사실이 아니다. 사실은 나피아식과 닮은 '천칭식 사이폰'이라는 추출기구가 1842년 프랑스에서 특허출원되자 본래 더

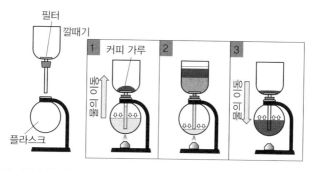

그림 7-11 커피 사이폰의 원리
가열돼 팽창한 플라스크 속 물이 깔때기(상부 유리)로 올라가서 침지추출이 이루어지고, 물을 끄면 플라스크 내의 압력이 낮아져 커피액이 필터로 여과되면서 돌아오는 구조.

블유리 풍선형이 사이폰이라고 불리던 유럽에서는 '천칭식보다 나피아식이 먼저'라는 의미에서 '사이폰의 기원'이라고 주장하기 시작했다고 한다.

초기의 유럽제 더블유리 풍선형은 가열할 때 종종 유리가 깨졌다. 그러다 19세기 말 내열유리가 발명되고, 1915년 미국에서 내열유리로 만든 '사이렉스'가 판매되면서 빅히트를 하기 시작했다. 이것이 일본에서 사이폰이라는 이름으로 알려진 것이다.

흔히 '맛의 드립, 향의 사이폰'이라고 말하듯이 사이폰은 향을 끌어내기 용이하다는 특징이 있다. 실제로 향의 차이를 검증한 연구 결과는 없지만, 가열 직후 고온의 물로 추출해내는 방식이 이런 차이를 만드는 것인지도 모른다. 사이폰 추출 과정을 관찰해보면 깔때기 안은 위부터 거품, 가루, 물이 3층으로 분리되고, 불을 끄면 서서히 흡입 여과된다. 이때 가루가 케이크층 역할을 해서 일단 거품에 흡착된 잡미와 유지분이 섞여들기 어렵게 만든다. 추출을 위해서는 물이 전부 올라간 후에 한 번, 시간이 경과한 후 또 한 번, 도합 두 차례 대나무주걱으로 섞어주는 것이 일반적이다. 이때 세게 휘젓는 것은 금물이다. '젓는다'는 느낌보다 '가루 뭉친 부분을 풀어준다'는 마음으로 작업하는 것이 잡미가 나오지 않게 하는 기술이다.

일본에서는 1970~1980년대 자가배전 커피점 전성기에 융 드립과 함께 한 세대를 풍미한 추출법이다. 또 마츠다 유사쿠가 주연한 '탐정이야기'를 비롯해 여러 편의 드라마 소도구로 소개되며 일반인에게 인지도가 높아진 기구지만, 미국이나 유럽 등지에서는 이후 거의 사용되지 않아 '아는 사람만 아는' 존재가 되어버렸다. 사이폰은 융 드립처럼 해외에서 전해진 추출법이 일본에서 독자적으로 진화를 거듭해 살아남은 기법이라고 할 수 있다. 1990년대 이후 일본에서도 에스프레소에 밀려난 감이 있지만, 최근 미국 카페에서 사용하기 시작하면서 해외에서도 다시금 주목받고 있다. 나아가 일본 스페셜티커피협회도 사이폰 추출 기술을 견주는 세계대회를 개최하는 등 '일본에서 자란 커피 문화'의 하나로 세계에 어필하는 중이다.

에스프레소 머신(투과 추출+가압 여과)

커피 사이폰이 흡인(감압) 여과식을 대표한다면, 가압 여과식의 대표는 에스프레소 머신이다. 19~20세기 초 개발된 초기 머신은 수증기의 낮은 기압을 가압하는 것이었지만, 1948년에 가찌아사가 개발한 '피스톤 레버식'이 등장하면서 10기압에 이르는 고압 추출이 가능해졌다. 밑부분에 작은 구멍이 촘촘하게 난 넓고 얕은 원형 금속필터 (필터 바스켓)에 극세분쇄 한 커피가루를 넣어 스탬 프처럼 생긴 전용기구 탬 퍼로 눌러 단단하게 충전 한 뒤 이를 손잡이가 달린 폴더(포터필터)에 넣어 머 신에 세팅한다. 레버를 힘 껏 내리면 지렛대의 원리에

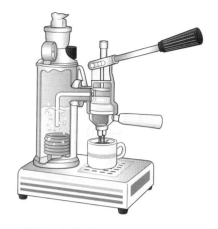

그림 7-12 피스톤 레버식 에스프레소 머신의 모형도 (파바니 사)
포터필터 위에 물을 저장하여 레버를 당기면, 지렛대 의 원리로 압력이 가해져 급속 추출된다.

따라 필터 상부에 설치된 송액용 피스톤에 강한 힘이 가해지고, 보 일러로 뜨거워진 물이 가루층을 고압으로 투과하는 구조이다(그림 7-12). 이 고압 추출에 의해 표면을 크레마가 덮는 현재의 에스프 레소가 완성되는 것이다. 1960년대에 전동펌프식 머신이 실용화된 후 현재까지 주류를 이루고 있다.

앞서 '투과 추출은 크로마토그래피'라고 설명했다. 다만 드립이 중력으로 내리는 칼럼식이라면, 에스프레소 머신은 HPLC(고속액체 크로마토그래피)이다. HPLC에서는 고정상에 가능한 한 고운 입자를 밀도 높게 충전해 용매를 고압고속으로 흘려보내면 이론단수가 커 져서 성분 분리능이 향상된다. 에스프레소에서는 HPLC처럼 가늘 고 긴 칼럼은 사용하지 않지만 드립보다 이론단수가 크고, 성분 농 축효과가 높아진다. 이에 의해 농후한 '커피 엑기스'가 추출되는 것

이다. 추출 중 필터 내에는 9±2기압의 압력이 피스톤과 펌프의 송액압과 가루층의 송액저항, 추출 중 가루에서 나오는 가스압에 의해 발생한다. 이 압력은 수동식의 경우 레버를 누르는 방법에 따라서도 달라진다.

가찌아사는 애초 밀도 있게 눌러 담은 가루층에 온수를 통과시키기 때문에 고압 추출이 되는 것이라고 생각했는데, 이것이 생각지도 않은 두 가지 효과를 일으켰다. 하나는 추출효과 상승이다. 일정 수준 이상의 압력이 가해지면 추출 시 발생한 탄산가스는 기포가 되지 않고 액체로 녹아내린다. 그러면 거품에 방해받지 않고 가루와 물이 접촉하기 때문에 아주 단시간에 충분한 추출이 가능해진다. 그리고 고압 상태에서 액체에 녹아든 가스는 상압으로 돌아간 액체 사이에서 무수히 작은 기포로 변화한다. 생각지도 못했던 두 번째 효과, 즉 '크레마'라는 부산물이 탄생하는 것이다. 농축효과가 높은 에스프레소에서는 녹아나오기 쉽지 않은 성분도 이 과정에서 어느 정도 녹아나 잡미나 쓰고 떫은맛이 강해진다. 하지만 그런 성분이 거품으로 모여들기 때문에 추출액은 가볍고 깔끔한 맛을 낸다. 또 공기를 머금은 크리미한 크레마 덕에 혀의 감촉이 부드러워져 잡미가 느껴지지 않는 맛있는 커피가 된다. 물론 에스프레소의 본고장 이탈리아에 가보면 설탕을 듬뿍 넣어 마시는 사람들이 종종 눈에 띄지만, 마치 '기적처럼' 여러 원리가 잘 어우러져 탄생한 음료인 것만은 틀림없다.

프레스식(커피프레스 : 침지 추출+가압? 여과)

프레스식은 커피 사이폰과 함께 침지 추출을 대표하는 방법이다. 커피 프레스, 프랜치 프레스, 프렌저 포트 등으로 불리며, 대표적인 브랜드로는 메리올, 카페티엘 등이 있다. 어느 것이든 원통형 유리기구를 중심으로 금속 혹은 나일론 필터가 달린 피스톤(프랜저)이 있어서, 유리 안에 물과 커피가루를 넣고 침지 추출한 후 시간이 경과하면 피스톤을 눌러 가루를 필터로 바닥까지 가라앉힌 후, 추출된 커피와 가루를 분리한다. 피스톤으로 누르기 때문에 표면적 정의로는 가압 여과가 되겠지만 중력과 관계는 없이 거르기 때문에 큰 압력은 발생하지 않는다. 따라서 에스프레소 같은 가압 특유의 추출원리도 작용하지 않는다.

19세기 중반 독일과 프랑스에서 '끓이지 않고 커피를 만들기' 위한 도자기 및 금속제 기구로 개발되어 1930년경부터 몇몇 이탈리아 디자이너가 내열유리와 금속 부품을 조합해 스타일리시한 기구를 계속해서 만들어냈다. 그 중 한 명인 본다니니가 '메리올'이라는 이름으로 선보인 제품은 1950년대 프랑스 클라리넷 제조공장 말탄 SA사에서 제조해 내수용으로 출시했다. 그런데 간편한 사용법이 널리 퍼지며 1950~1960년대 프랑스에서 '한 집에 한 대' 꼴로 팔릴 만큼 대히트를 했다. 그 후 모카포트에 밀려 금세 자리를 내주었지만, 당시 프랑스에서의 대유행에 힘입어 '프랜치 프레스'라는 별명을 얻었다. 이후 말탄 SA사는 북유럽 시장을 겨냥해 판매 제휴를 맺은 보덤사에 매수되었고, 현재는 보덤사가 주력 제조사가 되었다. 일본에도 1970년대에 이미 이 상품이 들어왔지만 당시에는 '홍차용'으로 더 많이 알려졌다. 당초 커피용으로 인기가 없자 판매회사가 홍차 추출기구라며 찻집에 판매했기 때문이다. 이 전략이 맞아떨어져 디자인이 아름다운 '홍차용품'으로 큰 인기를 얻었고, 유사한 제품이 일본 내에서 제조되기도 했다.

이러한 역사를 훑어보면, 프레스식은 적어도 모든 사람들에게 받아들여진 추출법은 아니라고 말해도 무방할 듯하다. 침지 추출이라 드립처럼 성분 선택과 농축 등이 없고, 여과 방향이 사이폰과는 반대이며 액면에 뜨는 거품이 분리되지 않아서 잡미도 많이 섞여든다. 또 미분과 유지분 특유의 혀에 남는 감촉에 익숙하지 않은 사람들에게는 다소 낯선 맛을 내기 때문이다.

그렇지만 강력한 프레스식 지지자도 있다. 그 대표 중 한 명이 조지 하웰이다. 그의 신조이기도 한 '고품질 생두를 약배전한 클린한 커피'는 프레스식으로 추출했을 때 결점이 두드러지지 않으며, 미분과 유지분이 증가함으로써 미분에 흡착된 성분 및 용존 향 성분도 높아져, 스페셜티 시대에 강조되는 '향의 표현'을 콩의 특징으로 어필하기도 쉽다. 하웰이 프레스식을 선호하는 이유는 '다소 결점이 있더라도 그것을 넘어서는 매력적인 장점을 이끌어낼 수 있다면, 그걸로 충분하다'고 보기 때문이다. 이렇듯 프레스식 기구는 2000년 이후 미국 스페셜티와 제3의 물결 그룹에서 사용하는 기구로 알려지며 스타벅스 등 커피숍에서 판매되었고, 그 영향을 받은 일본에서도 '커피기구'로 재부상했다.

모카포트(마키네타, 직접식 에스프레소 : 투과 추출+가압 여과)

모카포트는 유럽 가정에 널리 보급된 추출기구로, 특히 이탈리아에서는 한 집에 한 대 꼴로 있다고 할 정도로 친숙한 존재이다. 총 3개 파트로 나뉜 금속제 기구로, 가장 아랫부분 보일러에 물을 담고 그 안에 곱게 간 커피가루를 넣은 깔대기 형상 필터 바스켓을 꽂은 뒤 포트형 본체 상부 부품을 꼭 맞게 끼워넣는다. 이를 불에 올려 끓이면 보일러 부분의 증기압이 높아져 물이 상승하면서 가루층을 통과해 상부 포트에 저장되는 구조이다(그림 7-13).

이와 같은 원리의 추출기구는 1819년 프랑스에서 고안되었고, 1933년 이탈리아 비알레띠사에서 판매한 '모카 엑스프레스'가 폭발적 인기를 얻으며 히트상품이 되었다. 이후 같은 원리를 사용하는 여러 제품을 망라해 전 세계적으로 '모카포트Moka-Pot'라고 부를 만큼 보통명사로 자리잡았다. 오리지널 모카 엑스프레스는 팔각형 알루미늄 합금 동체에 베이크라이트 손잡이가 달린 인상적인 모양으로, 많은 사람들이 한 번쯤 본적이 있을 것이다. 이 제품을 단순

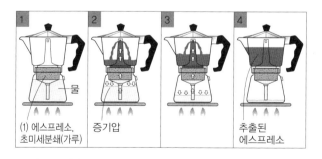

그림 7-13 모카포트의 원리
보일러의 물이 가열되어 내부 증기압이 높아지면서 끓은 물이 상승하여 가루층을 통과하면서 추출이 된다.

히 '모카'라고 부르는가 하면, 이렇게 내린 커피를 '모카커피'라 부르는 사람도 있지만 예멘 모카커피와는 관계가 없다. 일본에서는 최근 '마치네타macchinetta'라고 부르는 사람도 많은데, 이 명칭은 본래 이탈리아에서 소형 커피 추출기구 전반을 가리키는 총칭일 뿐이다. 게다가 일본에서는 1970년대 나폴리에서 사용된 전혀 다른 기구를 '마치네타'라고 부르는 등, 여전히 헷갈리기 쉬운 이름이다.

또 하나 헷갈리기 쉬운 게 에스프레소와의 관계이다. 실은 이 모카포트가 1970년대 일본에서 '직접식(스토브 톱) 에스프레소'라는 이름으로 소개되었기 때문이다. 그러나 추출할 때 압력은 에스프레소 머신보다 아주 낮은 2기압 정도에 불과하다. 따라서 에스프레소의 얼굴이라고 할 수 있는 크레마는 거의 없다. 본고장 이탈리아에서 이 '모카커피'는 어디까지나 '가정의 맛'일 뿐, 바에서 마시는 크레마가 살아있는 에스프레소와는 별개의 것으로 인식된다. 단 독특한 깊이와 쓴맛이 있고 설탕을 조금 가미한 맛은 간혹 초콜릿에도 비유된다. 모카 엑스프레스 판매가 시작된 1933년은 아직 피스톤 레버식이 세상에 나오지도 않은 시절이었다. 한편 머신이 바에서 사용되기 시작된 것은 1901년 베제라사가 개발한 것과 같은 추출 기압이 낮은 증기압식이었다. 어쩌면 당시 에스프레소는 의외로 이 '모카커피' 맛에 가까웠을지 모른다.

터키시 커피와 끓임식(침지 추출, 무여과)

15세기 예멘에서 탄생한 커피는 16세기에 터키로 전해져 16세기 중반 오스만제국의 수도 이스탄불에서 유행하기 시작했다. 이때 현재의 배전기 및 밀의 원형과 함께 탄생한 것이 터키시 커피다. 현대까지 전해지는 이 방식은 2013년에 '터키 커피의 문화와 전통'으로 유네스코 무형문화유산에 등재되었다. 아주 강하게 볶은 커피콩을 가장 고운 미분 상태까지 분쇄해 제즈베 또는 이브릭이라고 불리는 전용 용기

그림 7-14 터키시 커피
제즈베라고 불리는 전용 포트에서 잔으로 붓는 모습. 지역에 따라 이브릭이라고도 한다.

(작은 냄비, 그림 7-14)에 물, 설탕과 함께 넣어 끓인다. 너무 끓이면 산미가 강하게 나오기 때문에 금물이다. 또 끓이는 동안 거품이 사라지지 않도록 하는 게 맛있게 끓이는 포인트였다. 다 만든 커피를 거르지 않고 컵에 옮겨 가루가 가라앉기를 기다리며 위쪽부터 맑아진 커피만을 조금씩 마신다. 익숙하지 않으면 마시기 어려울 수도 있지만, 설탕의 단맛과 농후한 커피가 잘 어울려 초콜릿을 연상케 하는 맛을 느낄 수 있다. 다 마신 후 컵 바닥에 남은 가루 모양으로 운세를 점치는 '커피 점'으로도 유명하다.

일본에서는 '터키시'라고 불리는 방식이지만, 실은 그리스에서도 똑같은 방식으로 커피를 내렸다. 따라서 '그리크 커피(그리스 커피)'라고도 부른다. 마신 후에 커피 점을 치는 것까지 동일하다. 오스만 제국 시대에 그 지배 하에 있었기 때문에 당연한 것인지도 모른다.

또 역사적인 연결고리는 잘 모르겠지만, 같은 끓임식으로 위에

맑아진 액체만 마시는 커피 음용방식은 북유럽에서도 전통으로 이어졌다. 노르웨이 커피나 주전자에 끓여 마시는 핀란드의 '주전자 커피'가 이와 비슷한 방식이라고 할 수 있다.

　이 모든 방식이 끓인 후 가루가 가라앉고 위쪽에 맑아진 커피액만 마시는 방식으로, 유지분이 많은 것이 특징이다. 이를 문제 삼아 혈중 콜레스테롤을 상승시키는 주범이라고 폄하하는 사람도 있다. 또 사우디아라비아 등에서 마시는 아라비아 커피도 같은 끓임식이지만, 아주 약배전인 데다 칼다몬 등 스파이스와 함께 끓이기 때문에 훨씬 개운하고 독특한 향미를 지닌다.

더치커피(워터 드립, 교토 커피 : 투과 추출+자연 여과)

1980~1990년대 내가 대학생활을 하던 교토의 한 커피숍에서 가끔 볼 수 있었던 것이 '더치커피'라고 불리는, 찬물로 내린 커피였다. 이 커피는 그때 마침 내가 실험실에서 사용하던 칼럼크로마토그래피 그 자체였다. 사람 상반신만한 큰 유리통에 커피가루가 담기고, 그 위로 놓인 벨브 달린 유리용기에서 한 방울씩 물이 똑똑 떨어지는 것이었다. 추출된 커피는 칼럼 하부 플라스크에 모이는 구조였다(그림 7-15).

　'더치(네덜란드)커피'라고 부르지만 막상 네덜란드인에게 물어보면 본 적이 없다고 대답한다. 그도 그럴 것이 사실 더치커피는 교토에서 만들어진 추출법이다. 이름에 있는 '더치'는 네덜란드령 동인도에서 유래한다. 세계대전 이전 인도네시아의 음용 방법에서 힌트를 얻어 교토의 사이폰 거피로 유명한 '하나후사' 주인이 만든 추

출법이다. 이 주인장이 어느날 한 커피광이 쓴
책을 보는데, 인도네시아의 음용법으로 만든 '환
상의 커피맛'이 소개되었다. 흥미를 느낀 그는
손수 그 맛을 재현해보고 싶었다. 그래서 교토대
학교에서 화학을 전공하는 학생과 협력해 의료
기기 전문점을 통해 제작한 것이 이 '워터 드립'
의 시초이다.

그림 7-15 더치커피용
추출기구(사진제공: 칼
리타).

　이때 참고한 책이 무엇인지 명확하지는 않
지만, 1941년에 출간된 인도네시아 견문록《남
양점묘》에 매우 비슷한 기술이 나온다. 이 책에 따르면 일본에서
는 커피를 컵에 가득 차도록 부어 밀크를 조금 떨어뜨려서 마시는
데 비해, 인도네시아에서는 소량의 '커피 에센스'에 밀크를 가득 차
도록 부어 마신다고 되어있다. 또 이 에센스를 얻기 위한 방법으로
'곱게 간 커피콩에 듬뿍 물을 먹여 하룻밤 방치하면, 한 방울 두 방
울 커피 방울이 떨어져 아침이 되면 기구 아랫부분에 검고 검은 액
체가 아주 조금 담긴다'고 소개된다. 이렇게 장시간에 걸쳐 가루에
물을 천천히 떨어뜨리는 추출법으로 탄생한 것이 바로 '더치커피'이
다. 통상 강배전한 콩을 사용해 실온에서 여러 시간에 걸쳐 추출한
것을 차게 혹은 데워서 마신다. 다른 추출법과는 조건이 많이 다르
기 때문에 비교하기 어렵지만, 농후하게 깊은 맛이 나고 찬물 추출
특유의 풍미가 있어서 입 안에 풍기는 향이 매우 인상적이다. 체온
보다도 낮은 온도로 녹여낸 향기 성분이 입 안에서 데워지며 피어
올라 매우 강한 '함향'을 느낄 수 있다. 물론 깊이 있는 맛에 있어

더치커피와 견줄 수는 없지만, 차를 우려내는 방식으로 제조하는 티벡식 커피에서도 남다른 향을 느낄 수 있다.

2012년 메리 화이트가 《coffee Life in Japan》란 책에서 이 방식을 소개하며 미국에서도 워터 드립을 사용하는 가게가 생겨나기 시작했다. 다만 재미있게도 그들은 이렇게 내린 커피를 '교토 커피'라 부른다. 어쩌면 그들의 관심에 힘입어 또다시 워터 드립의 새로운 매력이 발견될지도 모른다.

제8장

COFFEE SCIENCE

커피와 건강

'커피는 사람의 건강에 어떤 영향을 줄까?' 커피 과학 중 이 질문만큼 사람들의 관심을 집중시킨 주제도 없을 것이다. 동시에 이 주제만큼 올바르게 이해되지 않았던 것도 없다 싶을 만큼 세간에는 많은 소문과 헛소리가 널리 퍼져있다. 의학 전문가들 사이에서도 선악 양면의 관점에서 논쟁이 이어지다가 최근 겨우 수렴되고 공인되는 부분들이 보이는 추세다. 이번 장에서는 최신 의학정보를 바탕으로 하여 커피와 건강의 관계에 대해 알아본다.

건강을 생각할 때 중요한 점

나는 종종 사람들에게 커피와 건강에 대해 이야기를 한다. 이때 반드시 서두에 전제하는 세 가지가 있다.

1. 커피는 건강에 좋은 면과 안 좋은 면, 둘 다 지니고 있다.
2. 아무리 건강에 좋은 면이 있다고 해도 지나치게 많이 마시면 독이 된다
3. 어디부터 지나치고 어디까지가 적당한지는, 개인 차가 있다.

이렇게 이야기하면서 듣는 사람을 관찰해보면, 대부분은 고개를 끄덕이며 납득하는 표정으로 귀를 기울인다. 사실 이 세 가지 전제는 커피에만 국한된 이야기가 아니다. 건강을 생각할 때 모든 것에 해당되는 원칙이다. 그래서 '이것이 결론!'이라고 말하고 싶지만 당연한 것을 거론했을 뿐, 구체적인 이야기는 아직 아무것도 시작하지 않았다. 이 전제는 결론이 아니라 출발점이기 때문이다. 그러나 세상에는 '출발점'에 서기도 전에 넘어질 정도로 선악 어느 쪽으로든 치우쳐버린 이야기들이 넘쳐난다. 따라서 다시 한 번 이 전체를 재확인한 뒤 이야기를 시작할 필요가 있다.

또 하나, 잊으면 안 되는 중요한 문제가 있다. '커피를 마시면 사람은 어떻게 될까'를 생각하자는 것이다. "이제 와서 왜?" 하고 반문하는 사람이 있을지 모르지만, 이는 건강정보 방송 등에서 자주 거론하는 '커피에 함유된 00라는 성분에 **작용이 있다'라는 이야기와 혼동하지 않도록 주의하기 바란다는 의미이다.

오해하지 말자. 성분 레벨에서의 차이 자체가 의미 없다고 말하는 게 절대 아니다. 가령 커피 효능 중에는 카페인에 의한 것이 많기 때문에 카페인의 독자적 작용을 아는 건 커피 전체를 이해하기 위해서도 유용하다. 그러나 이는 어디까지나 '커피에도 이 같은 작용을 하는 성분이 있다'는 대전제일 뿐이다. 건강에 좋은 성분이든 유해한 성분이든, 커피 전체로 놓고 볼 때 동일한 작용을 한다고 장담할 수 없다. 게다가 만약 정말로 '커피에 함유된 00라는 성분에 **작용이 있다'면, 그 성분만을 농축한 영양보조제로 섭취하는 편이 훨씬 더 효과적이다. 그러나 이는 약품 개발 등에 필요한 '약학'적 빌상에

coffee column

그린커피 스캔들 Green coffee scandal

이러한 본래의 주제에서 멀어져 이상한 방향으로 진행된 스캔들 중 하나가 최근 미국에서 일어난 커피 생두(그린커피) 추출물 서플리먼트와 관련한 소동이다. 이 추출물은 클로로겐산이 주성분으로 본래 유럽에서 식품용 항산화제로서 인가를 받았다. 그런데 2012년 '닥터 오즈'라고 불리는 콜럼비아대학교 심장외과 마호메트 오즈가 진행하는 미국의 인기 건강정보 프로그램 '닥터 오즈 쇼'에서 지방 흡수를 억제하는 '기적의 성분'으로 소개되며 다이어트용 서플리먼트로 빅히트를 했고, 이를 소개한 린제이 던컨 박사도 일약 스타덤에 올랐다.

그러던 2014년 적신호가 켜졌다. 미국 연방거래위원회가 서플리먼트 효과를 실험한 논문결과에 의혹을 제기했고, 세 명의 학자 중 두 명이 이를 인정하면서 논문이 취소되는 사태가 발생했다. 스캔들 이후 서플리먼트 판매회사는 홍보금지 명령과 함께 350만 달러의 벌금을 물었다. 나아가 던컨 박사는 무면허 사이비 의사였다는 사실이 밝혀지면서 900만 달러 벌금형에 처해졌다.

프로그램 진행자인 닥터 오즈에게는 죄를 묻지 않았지만, '나는 효과를 믿지만 과학적인 증거는 없다'고 증언하며 고개를 숙여야만 했다. 이 일로 인해 정확한 정보보다 화제성을 우선하는 방송 전반에 대한 비판이 거세게 일었다. 수상한 '건강정보'에 소비자나 매스컴이 휘둘리는 것은 어느 나라나 마찬가지인 듯하다.

불과할 뿐, '커피를 마시면 사람이 어떻게 되는지'와는 별개이다.

또 건강정보 프로그램에서는 실험쥐 등 인간 이외 동물이나 암세포를 대상으로 한 실험결과가 종종 소개되는데, 이 역시 주의할 필요가 있다. 사람을 통한 임상실험이 곤란할 경우 이 같은 방법을 통한 실험결과를 참고하지만, 이를 사람에게 그대로 적용할 수 없는 경우가 대부분이다. 즉 '커피를 마시면 사람은 어떻게 될까'라는 질문은 여전히 우리가 주의 깊게 살펴야 할 주제라는 의미다.

신뢰할 수 있는 정보란 어떤 것일까

TV를 보다가 건강식품 광고 프로그램에 시선을 빼앗긴 적 있는가? 들을수록 몸에 좋아 보이는 말과 화면이 이어지는데 아주 작은 자막으로 '*** 씨의 주관적인 견해입니다' 또는 '개인차가 있을 수 있습니다'라는 문구가 보인다. 여기서 말하는 '주관적 견해'는 의학적으로 아무런 근거가 되지 못한다. 커피와 건강의 관계를 알기 위해서는 보다 구체적이며 신뢰할 수 있는 정보가 필요하다.

의학 연구 중 이러한 문제를 전문적으로 다루는 분야는 역학, '어떤 원인과 질병의 발생관계를 추적하는 학문' 영역이다. 가령 흡연자와 비흡연자의 폐암 발병률을 비교해 암과 흡연의 상관관계를 분석하거나 신약 개발 단계에서 기존 약보다 효과가 있는지 아닌지를 분석하는 등 그 응용 범위는 매우 넓다. 의료 분야에서는 1990년대 이후, 의사 개인의 체험과 습관이 아니라 과학적 검증을 통해 치료법을 선택하는 '에비던스(과학적 근거)에 근거한 의료(에비던스 베스트 메디슨EBM)'가 보급되고 있는데, 이 에비던스를 제공하는 것도 역학의 역할이다. 역학 연구에는 몇 가지 실험과 조사 방법이 있고, EBM에서는 이를 신뢰도에 맞춰 단계를 나눈 '에비던스 피라미드'를 제공한다(그림 8-1).

그리고 커피에는 이미 1,000개 넘는 역학논문이 발표되어 있다(표 8-1). 담배나 술 그리고 채소나 육류 등 식품군에 비할 바는 아니지만, 단독 음료로는 상당한 수의 논문이다. 게다가 '에비던스 피라미드'의 정점에 위치하는 메타분석과 계통적 리뷰도 매우 많다. 이렇게 많은 근거를 두고 효과적으로 활용하지 않는 게 오히려 이상할 정도이다. 의료 세계에도 통용되는 질 높은 에비던스에 근거해 커피와 건강의 관계를 풀어본다.

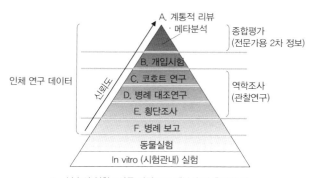

A 복수의 역학조사를 바탕으로 재분석 및 총괄한 것
B 실제 투여로 인과관계를 증명
C 수천~수만 명을 대상으로 통상 5~15년 추적조사
D 특정 병에 걸린 집단과 그 이외(대조)의 비교조사
E 질문표에 의한 설문조사(시간적 관계는 알 수 없음)
F 특정 몇 명만의 사례

그림 8-1 에비던스 피라미드. Rosner(2011)를 바탕으로 일부 변형 작성.

표 8-1 음식물·기호품의 역학조사 논문 수 비교

요인	MeSH terms	횡단 연구	병례 대조	코호트	개입 시험	메타 분석	계통적 리뷰	계
흡연	Smoking	8,435	7,860	8,365	4,531	887	492	30,570
음주	Alcohol Drinking	4,349	2,638	3,178	2,200	419	279	13,063
야채(전반)	Vegetebles	1—012	864	787	2,371	230	145	5,409
육류(전반)	Meat	1602	726	696	657	134	58	2,873
과일(전반)	Fruit	870	511	644	1,389	138	101	3,653
유제품(전반)	Milk	341	246	319	1,690	108	65	2,769
어폐류(전반)	Seafood	186	121	282	116	41	21	767
커피	Coffee	155	319	274	242	84	24	1,098
차	Tea	137	243	175	331	78	32	996
와인	Wine	98	89	104	167	14	5	477
맥주	Beer	74	66	59	73	11	5	288
토마토	Lycopersicon esculentum	6	46	9	74	5	2	142

PubMed의 terms(키워드) 검색에서의 히트 수로 비교(2015년 7월 시점).
또한 카페인 단독(키워드에 커피, 차를 포함하지 않은 것) 결과는 제외함.

커피의 급성작용

일반적인 용량의 커피를 마시는 사람에게 나타나는 작용은 크게 ① 급성작용과 ② 장기영향(만성작용)으로 구분된다. 먼저 급성작용에 대해 살펴보자.

약을 섭취했을 때 나타나는 작용(약리작용) 중 비교적 단시간에 나타나는 것이 급성작용이다. 커피의 경우, 마신 후 몇 분~몇 시간

표 8-2 커피의 주요 급성 작용

급성작용	좋은 측면	나쁜 측면	활성 성분	비고
중추신경의 흥분	각성, 계산.기억력 상승	불면, 불안	카페인	
골격근의 운동촉진	피로감 회복	진전(떨림), 경련	카페인	
호흡평활근의 이완			카페인	
혈압상승			카페인	
이뇨작용			카페인	
대사촉진			카페인	

후까지 나타나지만 하루 정도 지나면 사라지는 것이 일반적이다. 졸음을 날리거나 소화에 주는 영향 등 오래 전부터 이미 알려진 커피의 효능 대부분(표 8-2)은 이 급성작용으로 설명 가능하다.

이런 급성작용은 때와 상황에 따라 좋을 수도, 나쁠 수도 있다. 예를 들어 커피를 마시면 졸음이 사라지는 효능이 드라이브 중 잠 깨는 '각성효과'로는 아주 좋지만, 다음날 일찍 일어나야 하는 상황에서 잠 못 들게 하는 '불면'으로 나타난다면 나쁜 작용이다. 개인차와 몸 상태에 따라 다르지만 대부분의 급성작용은 누구에게나 공통적으로 나타난다. 대부분 커피 한 잔(150ml) 선에서 효과가 나타나지만, 양이 많아질수록 나쁜 쪽의 영향이 두드러지는 소위 '부작용'이 강해진다.

이제 각 작용을 담당하는 성분을 특정지어 보겠다. 급성작용과 가장 밀접하게 연관된 성분은 역시 카페인으로, 그 효과를 증명하는 데에는 무카페인 커피의 활약이 컸다. 무카페인 커피와 일반 커피, 또는 무카페인 커피에 일정량의 카페인을 첨가한 것을 비교해보면 카페인의 효과가 쉽게 증명된다. 한편 이러한 비교실험 결과 카페인 단독으로는 효과가 없으며, 그 이외 활성본체가 있는 급성 작용도 몇 가지 발견되었다.

각성작용과 불면

커피 작용 중 가장 먼저 떠올릴 수 있는 건 아마도 앞서 기술한 '각성작용'이 아닐까 싶다. 만약 이 작용이 없었다면 수피들이 수행과 의식에 이용할 일도, 그래서 커피가 전 세계에 널리 퍼지게 되는 일도 없었을 것이다. 각성작용은 뇌의 신경세포 활동 촉진(활성화)에 의한, 약리학 분야에서는 '중추신경 흥분작용'이라고 불리는 작용 중 하나이다. '뇌 활성화'라고 하면, 뇌 활동 상황을 빛의 표현으로 표시한 PET나 MRI 등 '뇌 화상'을 떠올리는 사람도 있을지 모른다. 하지만 그러한 화상만으로는 뇌의 어느 부위가 활동하는지 알 수 있을지라도 구체적으로 그것이 어떠한 효과를 불러오는지에 대한 충분한 증거는 되지 않는다. 다만 오래 전부터 중추신경 흥분작용과 관련해 연구되어온 커피는 다른 실험으로도 심신에 어떠한 변화가 나타나는지 구체적으로 검증되었다.

그 중 유명한 검증실험이 2006년 발표되었다. 고속도로를 야간 운전하는 드라이버를 피실험자로 하여 ① 카페인이 든 커피, ② 무카페인 커피, ③ 수면 30분 등 세 그룹으로 나누어 운전 중 도로 라인을 밟는 횟수로 집중력과 운전 정밀도를 측정했다. 그 결과, 카페인 200mg 섭취가 수면 30분보다 효과가 높다는 사실이 확인되었다. 또 세계 최대 규모의 EBM 데이터베이스인 '코크레인 라이브러리cochrane library'에서 교대근무제로 일하는 사람들을 대상으로 진행한 13차례 역학조사에 의거한 계통적 리뷰 결과, 커피 카페인이 작업효율 개선에 일정 효과를 기대할 수 있다고 결론지었다.

성인이라면 통상 커피 한 잔의 카페인으로 각성효과를 얻을 수 있으며, 섭취 후 15분 정도면 효과가 나타나고 2시간가량 지속된다고 한다. 단, 당연한 얘기지만 모든 것에는 한계가 있는 법. 아무리 커피를 마시면 졸음이 달아난다고 해도 '30분 간격으로 계속 마시는 방법으로 한 평생 안 잘 수 있다'고 생각하는 사람은 없을 거라고 믿는다. 카페인은 어디까지나 일시적인 졸음 억제만 가능하다. 수면 부족이 축적되면 카페인의 각성효과는 약해져서 한 번에 두세 잔을 마셔도 효과가 나지 않을 수 있다. 그럴 때 몇 잔을 더 추가한다고 해도 효과가 없기는 매한가지다. 때때로 '나는 카페인이 잘 들지 않는다'고 말하는 사람을 만난다. 그런데 어쩌면 그들도 개인 차가 아니라 이미 효과가 나타나기 어려운 상태로 접어든 사람들일 수 있다.

한편 각성작용이 '불면'으로 이어질 수도 있기 때문에, 평상시 불면증이 있는 사람이라면 주의할 필요가 있다. 얕은 잠을 자거나 수면의 질을 떨어뜨릴 수 있으므로 취침 전에 커피를 마시는 것은 되도록 삼가야 한다. 다만 낮잠을 잘 때 커피를 마시고 15분쯤 눈을 붙이면, 알맞게 일어나는 효과를 발휘해 상쾌해진 뇌로 오후의 업무를 처리할 수 있다. 커피의 성질을 제대로 이해하고 사용하는 좋은 사례 중 하나다.

카페인이 작용하는 메커니즘

여기서 약간 전문적이지만 카페인이 작용하는 분자 메커니즘을 살펴보도록 하겠다. 커피의 급성작용 대부분은 뇌와 심장, 신장 등에 있는 아데노신수용체AR라는 단백질과 카페인이 결합해 그 작용을 저해하기 때문이라고 알려져 있다. 이 단백질은 본래 아데노신이라는 생체물질 센서로서 기능한다. 아데노신은 DNA나 RNA의 구성 재료이자 아데노신 3인산ATP의 형태로 세포활동 에너지가 되는 등 생명활동의 필수 분자 중 하나이다. 또 미량이지만 세포 외에도 존재하고 있어서, 이것이 세포막 표면에 있는 AR과 결합해 해당 세포와 조직의 활동을 조절하는 역할도 담당한다.

사람에게는 네 종류의 AR유전자(A1, A2A, A2B, A3)가 존재하는데, 각각 발현되는 장기나 역할은 다르다. 가령 우리 몸에서 행하는 아데노신의 역할 중 하나가 혈관 확장과 수축 조절인데 이는 주로 A2A를 통한 작용으로, 심장을 포함한 대부분의 조직에서는 혈관 확장, 신장에서는 혈관 수축을 일으킨다. 카페인은 네 종류의 AR을 모두 저해할 수 있는데, 특히 A1과 A2A에 대한 저해가 약리작용으로서 중요한 부분이다. 이를 테면 카페인의 A2A 저해에 의해 심장 등에는 혈관 수축, 신장에는 혈관 확장이 일어난다. 이 신장의 혈관 확장에 의해 혈류가 증가하고, 이는 이뇨작용으로 이어진다. 또 생체 내 아데노신은 A1을 통해 심근을 억제하지만, 카페인은 이를 저해해 강심작용을 일으킨다.

한편 뇌에서는 A1, A2A가 각각 도파민 수용체 D1, D2와 결합해 '수용체 복합체'의 형태로 존재하는데, A1/D1이 대뇌피질과 선

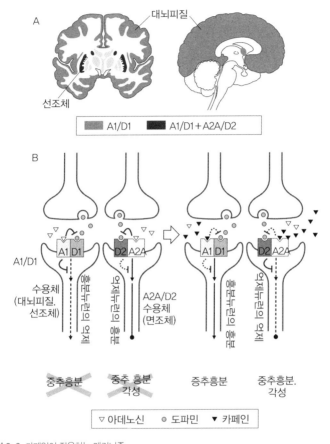

A

대뇌피질

선조체

| A1/D1 | A1/D1＋A2A/D2 |

B

A1/D1

수용체
(대뇌피질,
선조체)

아데노신의 억제

억제뉴런의 억제

A2A/D2
수용체
(면조체)

억제뉴런의 억제

아데노신의 억제

억제뉴런의 억제

아데노신의 억제

~~중추흥분~~ ~~중추 흥분
각성~~ 증추흥분 중추흥분,
각성

| ▽ 아데노신 | ◉ 도파민 | ▼ 카페인 |

그림 8-2 카페인이 작용하는 메커니즘
(A) 뇌 내 아데노신수용체. 대뇌피질 및 선조체의 A1/D1, 선조체의 A2A/D2 수용체가 발현 (B) 카페인
작용. 아데노신수용체를 억제함으로써 중추신경흥분작용을 발휘한다.

조체, A2A/D2가 선조체의 도파민수용성 뉴런(신경세포)에 많이 발현된다. 도파민 신경계가 흥분과 각성, 쾌감과 불안 등에 관여하는 동안 일반적으로 아데노신이 그 역할을 억제하는데, 카페인이 A1과 A2A를 저해하여 '억제의 억제'에 의해 중추흥분작용을 일으키는 것이다(그림 8-2).

최근의 연구결과, 각성작용에는 특히 A2A/D2가, 쾌락에 대한 반응에는 A1/D1이 중요하다는 것이 판명되었다. 도파민은 속칭 '뇌내 마약'이라고 불리는데, 실은 각성제와 마약 등 대부분이 도파민 신경계를 자극하는 것으로 활용된다.

그러나 이러한 마약류 대부분이 도파민 방출 자체를 증가시키거나 도파민 작동성 뉴런을 흥분시키는 데 반해 카페인은 AR을 통해 간접적인 조절을 하는 것이다. 카페인을 상습적으로 복용해도 마약과 같은 문제행동을 유발하지 않는 이유가 바로 이 때문이다.

커피로 성적이 오른다?

대학교 약학부와 의학부에서 하는 여러 가지 실험실습 중 카페인을 사용해 반드시 하는 실험이 있다. 우선 연구대상자인 학생에게 한 줄의 숫자를 더하는 계산만 하는 산수게임지(우치다 크레페린검사 등)를 주고, 15분간 가능한 한 많은 문제를 풀게 한다. 그 후 5분의 휴식시간이 주어지는데, 이때 학생 절반에게는 보통 커피를 주고 나머지 절반에게는 카페인이 없는 커피를 준다. 물론 마시는 학생들은 어느 커피인지 모르는 상태이며 이후 다시 똑같은 문제를 풀게 된다. 두 그룹의 휴식 후 성적을 비교해보면, 카페인을 섭취한 학생 그룹 쪽이 푼 문제 수 및 정답률에서 높은 수치를 보인다.

단순계산을 계속하면 두뇌가 점점 피곤해져 속도가 줄고 계산오류도 증가하지만, 카페인의 중추흥분작용이 뇌의 피로를 경감시켜 성적이 올라가는 것이다. 다만 이는 어디까지나 단순계산을 반복할 때의 이야기이다. 커피를 마신다고 지금까지 풀 수 없었던 난제가 갑자기 풀리는 것은 아니며, 공부하지 않아도 시험에서 좋은 점수를 얻는 건 더더욱 아니다. 또한 너무 많이 마시면 불안과 초조감이 강해져 차분하게 생각하려는 의지를 방해할 수도 있다.

최근 기억과 관련해 카페인의 새로운 가능성이 보고되었다. 2014년 존스홉킨스 대학교 연구팀이 연구대상자에게 몇 장의 그림을 보여주며 기억하게 한 직후 200mg의 카페인 또는 가짜 약(플라시보)을 투여해 다음날 얼마만큼 기억하고 있는지 확인하는 실험을 했다. 이때 ① 첫째 날에만 보여준 그림, ② 둘째 날에만 보여준 그림, ③ 양일에 걸쳐 보여준 그림, 그리고 ④ 첫날과 닮았으되 다른 그림을 섞은 것을 제시하며 장기기억이 정착한 정도를 측정했다. 이 실험에서 중요한 것은 ④를 어느 정도 제대로 기억하고 있는가였다. 한편 둘째 날 '어제 기억한 것 중, 그 안에 없는 것을 찾아내시오'라는 질문을 하면, 기억한 것을 불러내는 '상기' 능력을 측정할 수 있다. 실험결과 카페인은 상기에는 영향을 주지 않는 반면 기억의 정착을 강화하는 것으로 밝혀졌다. 다른 연구팀의 추가실험이 필요하겠지만 향후 주목받을 만한 연구 주제임에는 틀림없어 보인다.

스포츠 성적이 좋아진다?

카페인에 의해 중추신경이 흥분되면 인슐린과 아드레날린 분비가 증가한다. 이와 동시에 카페인이 심장과 근육의 말초성 아데노신 수용체에 작용해 수축력을 높이면서 운동능력에도 영향을 줄 가능성은 예전부터 제기돼 왔다. 이런 연유로 프로스포츠 관계자 중에는 카페인이 도핑에 문제된다면서 전면금지해야 한다고 주장하는 사람도 있다. 하지만 스피드, 파워, 지속력, 투쟁심 등 운동능력의 각 요소에 어떤 영향을 주는지 분명하게 알려지지 않았기 때문에 최소한 지금까지 세계반도핑기구 등 전문기관은 '통상 범위 내 섭취라면 경기 성적에 영향을 준다고 볼 수 없다'는 의견 아래 커피를 허용하고 있다. 물론 완전한 방치는 아니고, '소변 중 농도가 기준치 이하라면 문제없다'는, 타협적 대우를 받는 상황이다.

전문가 의견이 분분한 가운데 비교적 신빙성 높게 확인된 것이 근육피로 경감효과다. 근육트레이닝 전에 카페인을 섭취하면 근육을 움직일 때 부하가 덜어져, 가령 윗몸일으키기 연속 20회가 한계이던 사람도 21회, 22회…, 등으로 상향 조정된다는 것이다. 다만 카페인을 섭취하든 섭취하지 않든 복근 20회분 근육트레이닝 효과에는 변함이 없다. 즉 처음부터 윗몸일으키기 횟수를 정하고 하는 운동이 아니라 한계치를 계속해서 늘려가고 싶을 때 긍정적 효과를 기대할 수 있다는 이야기이다. 단 너무 많이 섭취하면 흥분으로 인해 집중력 저하와 손발 떨림이 나타나는 등 오히려 정밀한 동작에 방해가 될 수도 있다는 점은 명심해야 한다.

그 외 급성작용

그 외 커피의 급성작용 중 카페인에 의한 것으로 일과성 혈압상승과 이뇨작용이 있다. 또 커피는 위액분비를 촉진해 소화를 돕는 한편 공복 시 더부룩함과 위를 자극하는 원인이 되기도 한다. 카페인이 위액분비를 촉진한다는 것은 오래 전부터 널리 알려진 사실이다. 다만 카페인 양은 배전에서 거의 변하지 않음에도 불구하고, 강배전이 약·중배전보다 위에 자극을 덜 준다는 이야기 역시 널리 알려졌다. 현재는 배전 중 감소하는 위액분비 촉진물질 N알카노일-5-히드록시트립타미드N-alkanoyl-5-hydroxytryptamide와 배전 중 증가하는 억제물질 N-메틸필리디니움N-Methylpyridinium 등 카페인 이외 복수의 위액분비 조절물질이 발견되면서 이들이 관여한 증상일 가능성이 제기되고 잇다.

카페인 이외 성분이 관여하는 급성작용 중 하나로 혈중 콜레스테롤 상승이 있다. 이는 커피 특유의 유지 성분 카페스톨cafestol과 카웨올Kahweol에 의한 것으로, 이들이 간의 콜레스테롤 분해효소를 저해하면서 체내 콜레스테롤 수치, 특히 중성지방TG과 소위 악성 콜레스테롤LDL이 일시적으로 증가한다. 이들 성분은 추출 방법에 따라 그 양이 현격하게 달라진다. 즉 끓임식과 프레스식으로 추출하는 터키식과 유럽식의 경우, 유지분이 많이 녹아나면서 이런 작용이 빈번하게 일어난다. 하지만 어디까지나 일시적인 작용으로, 커피를 마신다고 고혈압과 위염, 고지혈증에 걸릴 위험이 높아지는 건 아니다.

커피의 급성작용은 정도의 차이는 있지만 거의 누구에게든 일어난다. 게다가 다소 특이한 사례도 보고되었다. 1990년 영국에서 열린 횡단연구 결과, 연구대상자 중 약 30%가 커피를 마신 후 배탈이 나는(변의를 일으키는) 증상을 경험했다고 밝힌 것으로 보고되었다. 개입실험 결과 이들이 커피를 마신 후 대장운동이 활발해지는 것을 확인했다. 그런데 식도에서 소장을 거쳐 가는 음식물의 이동

속도에는 거의 영향을 미치지 않고, 오직 대장으로의 이동 속도만 높이는 것으로 나타났다. 그러니까 영양 흡수는 방해하지 않은 채 배변만 촉진하는, 소위 '위에 부담 없는 변비약' 같은 작용을 하는 셈이다. 무카페인 커피를 마신 후에도 동일한 증상이 나타나는 것을 보면 카페인 이외 성분에 의한 작용이라고 여겨지지만, 아쉽게도 정확한 메커니즘 및 활성본체는 아직 밝혀지지 않은 상태다.

장기적 영향을 생각하다

한 번 마신 후 나타나는 급성작용과 달리 일정 기간 지속적으로 마셨을 때 나타나는 것이 장기영향(또는 만성작용)이다. ① 비교적 많은 양을 상습복용한 사람들에게서 나타나는 '카페인 이탈'과 ② 장기간 계속 마실 때의 질환 위험 증감 등이 여기에 해당한다. 너무 많이 마셔서 야기되는 ①은 뒤에서 다시 언급하기로 하자. 먼저 ②에 관해 살펴보겠다.

　뉴스기사 제목에서 '커피가 00의 원인이 된다' 혹은 '커피가 **를 예방한다'고 소개하는 것을 종종 만난다. 알기 쉽게 일반에게 어필하는 기사 속성상 어쩔 수 없겠지만, 엄밀히 말하면 이는 의학적으로는 '부정확한 문장'이다. 무엇이 정확하지 않은가. 커피의 장기영향을 살펴보기 위해 중요한 두 가지 포인트를 놓쳐서는 안 된다.

　첫 번째 포인트는 '위험의 증감'이라는 것이다. 암, 당뇨병 등 질환에는 연령과 유전적인 요인 외에 일상 식습관과 음주, 흡연 등 생활습관이 관여한다. 흡연과 암, 염분 과다와 고혈압처럼 특정 생활습관과 밀접하게 관련되는 질환도 있지만, 그럼에도 단 하나의 요인에 의해 발병하는 경우는 극히 드물다. 오히려 복수의 여러 요인이 장기간에 걸쳐 작용한 결과로 보는 쪽이 정확할 것이다. 커피 음용도 많은 생활습관 중 하나에 불과하며, 커피가 전적으로 '00의 원인'이 되거나 '**를 예방'하지는 않는다. 물론 커피를 마신 사람 집단에서 비교 집단에 비해 몇 가지 질병군에 대한 발병 위험이 증감한다는 사실은 밝혀졌다. '00의 원인' '**를 예방'한다는 표현이 부정확하다고 한 이유가 바로 이 때문이다. 그보다는 ' 00 위험 상승' 혹은 '** 위험 저하'라고 쓰는 게 정확하다는 말이다.

상관관계와 인과관계

두 번째 포인트는 '상관관계와 인과관계의 차이'다. 현 시점에서는 '커피를 마시는 사람은 (마시지 않는 사람보다) 00할 위험이 낮다'는 문장은 의학적으로 정확하지만, 이를 '커피는 00의 위험을 낮춘다'라고 쓰면 안 된다. 얼핏 같은 의미일 것 같지만, 전자는 '커피를 마시다(사상 A)'와 '00 위험 저하(사상 B)'가 상호 연관되는 '상관'이며, 후자는 A와 B의 원인이라는 '인과관계'를 의미하는 문장이다. 커피의 장기영향과 관련해서는 대부분의 관찰 연구에서 여러 질환 위험과의 상관관계가 돌출되었지만, 사람 개입 실험이 제대로 이루어지지 않아 인과관계 입증은 아직도 충분치 않다. 때문에 후자의 기술에는 오류가 있는 것이다.

미세한 차이로 느끼는 사람이 있을지 모르지만 이는 '커피와 건강'을 이해하는 데 있어서 가장 주의해야 할 포인트이다. 가령 '커피를 마시는 사람은 폐암 발병 위험이 높다'는 조사결과를 발표한 후 좀 더 자세히 살펴본 결과, 커피를 마시는 그룹 쪽 흡연자의 비율이 높은 것으로 나왔다. 여기에 흡연자와 비흡연자를 나누어 계산해보니 커피와 폐암 위험에는 별다른 상관이 없다는 결과가 나왔다. 이처럼 숨겨진 다른 인자들의 영향(교락)에 의해 상관이 있는 것처럼 보이는 것을 '유사상관'이라고 한다.

이러한 가능성을 제거하기 위해 역학조사에서는 ① A가 B보다 선행하는지(시간적 전후관계)를 조사할 것, ② 교락인자를 배제하여 커피의 영향만을 조사할 것, 등이 필수조건이다. 다만 신뢰성이 높은 코호트 연구cohort study에서도 이러한 문제를 완전히 해결하는 것은 곤란하다고 할 정도로 인과관계를 입증하기는 어렵다. 이런 이유 때문에 개입실험을 실시해야 할 필요가 대두된다.

개입실험의 어려움

'그렇다면 개입실험을 하면 되지 않냐'고 하겠지만 여러 해에 걸쳐 발병하는 암과 당뇨병을 연구하는 과정에서 피실험자의 커피 섭취 여부를 장기간 통제하는 건 쉬운 일이 아니다. 게다가 무작위로 '계속 마시는' 그룹과 '마시지 않는' 그룹을 나눌 경우, 피실험자는 기호에 따른 선택을 할 수가 없게 된다. 만일 내가 '지금부터 2년간 매일 3잔 마시기' 그룹에 포함되면 다행이겠지만, '2년간 한 방울도 마시지 말 것'을 요구받는다면 참을 수 없을 듯하다.

개입실험은 말하자면, 일종의 인체실험이다. 개입실험을 통해 커피가 폐암의 원인임이 증명되었다면, 일부 피험자를 폐암에 걸리게 했다는 윤리적 비판으로부터 자유로울 수 없게 된다. 이러한 이유로 역학에서 개입실험은 종종 불가능한 문제가 된다. 가령 '흡연이 폐암의 원인'이라는 사실도 개입실험으로 입증된 것이 아니다. 다만 ① 많은 역학조사에서 상관과 전후관계가 확증되고, ② 교락을 배제한 단독 영향이 충분히 높으며, ③ 용량-반응성(흡연량이 증가할수록 폐암 위험이 상승하는)이 있고, ④ 활성본체와 작용 메커니즘이 해명되었으며, ⑤ 동물 대체실험으로도 증명됐다는 간접 증거들을 종합적으로 판단한 결과 인과관계로서 인정된 것이다. 커피의 장기영향은 단독 영향이 적은 것이 많기 때문에 난항을 거듭하고 있지만, 이와 같은 방향으로 방증傍證이 계속되는 단계이다.

커피의 장기적 영향

이제 커피와 질환 위험의 관계를 살펴보자. 먼저 분명히 짚어둬야 할 것이 있다. 이 질환 위험 저하는 '불확실한 예방효과'와 같은 것으로 특히 '치료효과'와는 전혀 다르다. 이미 발병하거나 증상이 보이는 사람에게는 반대로 증상을 악화시킬 우려도 있기 때문에 불안한 사람은 커피에 기대는 대신 전문의에게 상담해야 한다.

지금까지 많은 역학조사에서 커피를 마시는 사람이 발병 위험이 낮아지는 질환과 높아지는 질환이 각각 발견되었고 메타분석에 의한 검증도 진행되었다. 급성작용의 경우, 같은 약리작용이 때와 상황에 따라 좋거나 나쁘게 작용한다는 '선악 양면'이 있었다. 이에 비해 만성작용에서는 발병 위험이 저하하는 질환과 상승하는 질환이 따로 있다는 '선악 양면'이 존재한다고 할 수 있다. 또 일본에는 널리 보급되지 않았지만, 유럽에서는 무카페인 커피 시장점유율이 30%에 육박할 정도라는 사실도 전제할 필요가 있다. 따라서 커피 속 카페인과 질병과의 상관관계를 쉽게 비교할 수 있다. 나아가 차와 커피에 함유된 카페인 음료 전체를 대상으로 연구한 결과, 일부 질환에 카페인이 영향을 미치고 있다는 게 확인되고 있다.

2형 당뇨병 위험 저하

최근 가장 주목받는 영향 중 하나가 커피 음용자의 2형 당뇨병 위험 저하이다. 당뇨병에는 유전적 요인이 큰 1형과 생활습관이 영향을 끼치는 2형이 있는데, 일본에서는 특히 2형 당뇨병이 많아 사회문제로까지 확산되고 있다. 2002년 네덜란드 연구자가 커피 음용자는 2형당뇨병 발병 위험이 낮다는 내용을 발표하면서 이후 각국에서 대규모 역학조사가 이루어졌고, 거의 동일한 결과가 나왔다. 2009년 진행된 메타분석에서는 섭취량이 하루 한 잔 증가할 때 발병 위험이 7% 떨어지는 것으로 드러났다. 얼핏 미미한 숫자로 적어도 개인 차원에서는 의미를 부여할 만한 증감이 아닐 수 있다. 다만 2000년 후생성(보건부)이 내건 '건강일본21'이라는 프로젝트에서는 '이대로라면 2010년에는 당뇨병 인구가 1,080만 명에 달할 것으로 예상되기 때문에 이를 1,000만 명까지 감소시키자'라는 슬로건이 나왔다. 비율로는 7.4% 삭감. 국가적인 목표가 되어 집단 차원에서 생각해보니, 7%라는 숫자는 결코 미미한 숫자가 아니었다.

카페인이 인슐린 분비와 세포의 인슐린 응답성에 영향을 준다는 것은 이미 알려진 사실이다. 그런데 역학조사 결과 무카페인 커피에서도 동일한 효과가 나타나는 것으로 밝혀졌다. 이 당뇨병 위험 저하가 어느 성분에 의한 것인지는 아직 알려지지 않았다. 일부 사람 개입실험이 실시되었지만 실험기간 2개월이라는 기한 안에 당뇨병이 발병하는 사람을 찾을 수 없었다. 물론 당뇨병 진단 마커(아디포넥틴 등)에 개선 경향은 보였으나 통계상 유의미한 차이(유효한 차이)는 아니었다. 좀 더 장기적인 실험이 가능하다면 좋겠지만, 사람 대상 실험에 제약이 따르기 때문에 쉽지는 않을 듯하다.

각종 암 위험 증감

암은 일본인 두 명 중 한 명이 걸리고, 사망원인 중 1위이며, 사인의 30%를 차지하는 국민적 질환이다. 커피와 암의 관계를 조사한 논문은 다수이며 암 종류별 영향이 다른 것으로 보고되고 있다.

연구가 가장 많이 진행된 것은 간암 발병 위험 저하이다. 메타분석에 따르면 커피 섭취량이 하루 한 잔 늘어날수록 약 20% 간암 위험 저하가 있다고 한다. 일본인의 간암 주요인은 B형, C형 간염 바이러스에 의한 바이러스성 만성간염인데, 이들 바이러스 보균자를 대상으로 한 실험에서도 발병 위험 저하가 나타났다. 커피 음용자는 간기능 지표가 되는 효소량과 간경변에 따르는 섬유화에 대해서도 개선 경향이 나타남으로써, 간기능 전반을 개선해 간암 위험 저하로 이어지는 것으로 보인다. 그 활성본체는 불분명하지만, 카페인과 다른 성분인 것만은 확실한 듯하다.

그 외의 암과 관련해서는 아직 분명히 밝혀지지 않은 것들이 대부분이다. 오래 전부터 논의가 계속돼온 대장암과 관련해서는 1998년 메타분석에서 위험 저하가 거론되었지만 2009년 재해석 결과, 일부 지역과 성별에서만 나타나는 현상으로 보인다고 하향 수정되었다. 한편 방광암과 관련해 하루 한 잔으로 위험이 35% 상승한다는 메타분석 결과가 나왔는데, 이는 카페인의 영향인 것으로 의심된다.

심혈관 질환 위험과의 관계

일본에서는 암, 심장질환, 뇌졸중을 '3대사인'으로, 여기에 당뇨병을 추가해 '4대질병'이라고 부른다 그 중 심장 질환(심장병, 심근경색CHD)과 뇌졸중(뇌혈관 질환)을 합하여 '심혈관 질환CVD'이라고 부른다. 역학조사가 시작된 1960년대에 커피가 심혈관 질환의 원인이라는 논문이 발표된 후 이 논문이 교락을 놓친 것으로 판명났지만, 1970년대 이후 커피와 심혈관 질환의 상관관계에 관한 논란은 끊임없이 이어졌다.

이 모순의 원인은 조사방법의 차이에 있다는 의견이 제기되었다. 1994년 하버드대학교 가와치 이치로 교수팀은 조사방법 별로 메타

분석을 실시한 병례 대조연구에서는 위험이 상승하는 데 반해 코호트에서는 거의 차이가 없다는 사실을 알아냈다. 병례 대조연구는 조사 대상이 무엇이든 기초질환을 가진 사람에 치우치는 경향이 있으며, 이것이 외관상 위험 상승을 유발하는 것으로 비춰진다는 것이다. 이와 관련해 원인은 아직 불분명하지만 고위험군에는 유전적으로 카페인 대사 분해가 늦은 사람이 많은 게 아닐까 하는 가설이 지배적이다.

이후 코호트를 대상으로 한 메타분석에서 용량-반응성을 검증한 결과, 심장질환과 뇌졸중 위험은 커피를 한 모금도 마시지 않는 사람에 비해 오히려 소량~중간 정도 마신 사람이 낮게 나타났고, 하루 3~4잔을 변곡점으로 하여 섭취량이 증가하면 위험 상승 쪽으로 향하는 'U자형' 용량-반응곡선이 된다는 것을 알아냈다. 단순히 음용 여부만을 놓고 비교할 때와 달리, 건강한 사람이 적당량 마실 때에는 오히려 심혈관 질환 위험이 저하하는 것으로 추측되는 결과가 나온 것이다.

그 외 질환과의 관계

그 외 발병 위험 증감이 지적된 것을 표로 정리해보았다(표 8-3). 이 중 연구가 진행된 것은 파킨슨병으로 메타분석 결과, 커피를 하루 3잔 마시면 발병 위험이 25~30% 정도 저하된다고 보고되었다. 이 작용은 차 등에 함유된 카페인 총 섭취량 및 무카페인 커피와의 비교분석을 통해 카페인에 의한 영향인 것으로 밝혀졌다. 파킨슨병 발병에는 선조체線條體의 도파민 저하가 원인 중 하나로 지목

되는데, 카페인이 A2A 수용체를 통해 도파민 작용신경을 조절하여 예방과 진행 방지 역할을 한다는 것이 판명되었다. 이를 통해 A2A만을 특이적으로 저해하는 새로운 항파킨슨 약 이스트라데피린 Istradefylline 등을 개발하는 성과로 이어졌다.

선악 어느 쪽이 큰가?

지금까지 커피의 장기영향 중 좋은 면과 나쁜 면을 들려주었다. 그렇다면 선악 어느 쪽 영향이 큰 것일까. 다음과 같은 사례에서 비교방법을 생각해보자.

두 가지 질환 A, B와 관련해 커피를 마시지 않는 사람의 발병률을 각각 1로 했을 때, 커피를 마시는 사람의 질환 A 발병 위험이 0.9, 질환 B 발병 위험은 2.0이다.

이처럼 대조군의 발병률을 1로 놓았을 때의 위험을 '상대 위험'이라고 부른다. 위 사례에서 커피에 의한 질환 A, B의 상대적 위험 증감은 '10% 대 100%'이다. 때문에 질환 B에 대한 영향은 크게 느껴질 수밖에 없다. 그러나 이를 좀 더 진행하게 되면 어떻게 될까.

질환 A 발병 환자는 국내에서 연간 30만 명이지만, B는 연간 30명만 발병하는 진귀한 질환이다.

표 8-3 커피의 주요 장기영향

		증례대조	코호트	메타분석			활성본체	동물실험	개입시험
		상관+전후관계			용량반응성				
위험저하	2형당뇨병	○	○	○	○	-7%/cup	카페인?	○	△
	간암	○	○	○	○	-20%/cup	카페인 이외		
	대장암	○	○	? 논쟁중			카페인 이외		
	자궁체암	○	○	○	○	-25~30%/3cup			
	파킨슨병	○	○	○	○	-10%/cup	카페인	○	
	담석	○	○	○	○	-5%/cup			
	알츠하이머병/치매	○	○	? 논쟁중			카페인		
	심혈관질환	x (리스크 상승)	○	○	U-shape	-15%, at 3~4cups/D	카페인		
	총사망		○	○	U-shape	-16%, at 4cups/D			
	자살		○		J-shape?	+3~5%/cup			
위험상승	방광암	○	○	○	○		카페인		
	관절류마치스	○	○	○	?				
	폐암	○	○	○	?				
	녹내장		○				카페인?		
	유산/사산	○	○	○	?		카페인		

실제로 원래 기준이 되는 발병률은 질환 별로 다르다. 일본의 인구를 1억 2000만 명이라고 했을 때 질환 A의 절대위험은 약 0.25%, B는 그 1만분의 1이다. 이렇듯 집단 전체를 기준으로 한 위험을 '절

대 위험'이라고 부른다. 커피에 의한 절대 위험 증감을 계산하려면 음용율도 고려할 필요가 있지만, 대략적으로 살펴보면 질환 A에서는 30만 명의 10%인 3만 명, B에서는 30명이라는 계산이 나온다. 이러면 30만 대 30이 되어, 이제 질환 A의 영향이 크게 느껴진다. 하지만 이야기는 이렇게 끝나지 않는다. 다음과 같은 문장이 이어지면 어떻게 될까.

> 질환 A는 입원 수술할 경우 99.9% 목숨을 건질 수 있다. 반면 B는 치료법이 아직 없는 불치병이다.

이렇게 질환 별로 경과 및 치료법도 달라지기 때문에 거기까지 생각하면 어느 쪽이 낫다고 쉽게 단정할 수 없다. 어디까지나 예로 들었을 뿐이지만 현실을 반영하는 측면도 있다. 그러므로 장기 영향의 좋은 면과 나쁜 면을 비교하는 것은 여전히 '어렵다'고 말할 수밖에 없다.

커피를 마시면 장수할 수 있다?

이유야 어떻든 '어렵다'는 말로 끝내는 것은 무책임하고 어이없는 상황일 수 있다. 그러니 어떤 식으로든 좋은 면과 나쁜 면 중 어느 쪽이 큰지 평가할 방법은 없을까. 대략적이기는 하지만 병 중에서도 죽음에 이르는 중병의 경우, '사망 위험'을 지표로 하는 것이 하나의 방법이다. 2012년, 총 40만 명을 12년간 추적조사한 NIH(미국국립위생연구소)의 대규모 코호트 결과 커피를 마시는 집단의 조사기간 총 사망률이 전혀 마시지 않는 집단보다 낮았다는 발표가 나와 화제를 불러모았다. 하루 4~5잔 마시는 그룹이 가장 위험이 낮았으며, 암에 의한 사망에는 그리 차이를 보이지 않았지만 그 외 사인(심장질환, 뇌졸중, 폐렴, 사고 등)에서 위험 저하가 인정된 것이다. 일본의 대규모 코호트 조사와 2014년 보고된 메타분석에서도 같은 경향이 확인되었다. 다만 중요한 테마인 만큼 향후 더욱 많은 의학적 근거가 마련되어야 할 것이다.

만약 이 견해가 옳다면 커피는 우리의 건강에 어떻게 영향을 주는 것일까. 이야기가 조금 빗나가지만, '일본에서 1980년대부터 암이 급증해 사망원인 1위에 오른 최대 이유는 무엇일까'라는 역학조사가 있었다. 학생들에게 질문을 하면 식품첨가물, 환경오염, 식생활 서구화라는 등 여러 가지 대답이 나오지만 정답은 '의학이 진보해 다른 병으로 사망하는 사람이 감소했기 때문'이었다. 암 최대 위험인자는 '나이를 먹는 것'으로, 감염증 등이 감소해 장수하는 사람이 증가한 만큼 암도 증가했다는 것이다. 어디까지나 '만약'이지만, 일본인 전체가 지금보다 커피를 매일 한두 잔 더 마시게 되는 '만약의 세상'에서는 질환 발생 패턴도 달라질지 모른다. 심장질환과 뇌졸중, 불의의 사고 등으로 급사하는 사람이 줄어들고, 2형 당뇨병 등의 질환 위험도 감소할 수 있기 때문이다. 사람은 언젠가 반드시 죽기 때문에 다른 사인이 늘어나겠지만, 종합적으로 보면 의학의 진보와 함께 '건강장수사회'가 다가올 가능성은 훨씬 높아졌다.

좋다는 얘기만 할 수는 없잖아

'정말 종합적으로 커피에 좋은 면이 많다면, 더 적극적으로 홍보하는 게 낫지 않냐'고 생각하는 사람이 있을지 모른다. 그런데 여기서 다시 한 번 '위험'에 대해 생각해야만 한다. 위험은 집단으로서 생각했을 때의 확률로, 경마에서 '확률' 같은 것이다. 아무리 떨어질 확률이 낮다고 해도 떨어질 마권은 떨어진다. 특히 커피로 인한 위험 변동은 어떤 것도 하루 한 잔 증가로 겨우 5~20% 정도이다. 2형 당뇨병과 같은 '집단 차원'에서는 의미가 있더라도 '개인 차원'에서 생각하면 마시든 마시지 않든, 그다지 달라지지 않는다.

'적극적인 홍보'도 생각해봐야 할 문제이다. 가령 '커피를 마시는 사람이 방광암 위험이 높다'나 '커피를 마시는 사람의 간암 위험이 낮다'는 말은 현시점에서 근거가 있는 내용이지만, 이 말을 들은 사람이 만약 방광암에 걸린다면 진실 여부와 관계없이 '커피 탓에 암에 걸렸다'고 생각해버릴 수 있기 때문이다. 또 다른 사람이 간암에 걸렸는데 '커피를 마셨는데도 간암에 걸렸다. 커피 같은 거 효과가 없었잖아'라고 욕한다 한들 어쩔 도리가 없을 것이다. 그런 건 사람의 심리와도 같아서 탓할 수도 없다. 물론 '커피 덕분에 간암에 걸리지 않았다'고 하는 사람도 간혹 있겠지만, 건강한 사람은 건강한 상태를 당연하게 생각하기 때문에 그들이 커피에 감사할 일은 아마 없을 것이다. 조금 비관적일지 몰라도 커피가 '악역 취급'을 받지 않게 될 날은 아직 저 멀리 있는 것 같다.

과하게 마시면 어떻게 될까

지금까지 일반적인 섭취량을 기준으로 그 영향을 살펴보았다. 그렇다면 너무 많이 마실 때는 어떨까. 이때 문제가 되는 것은 급성증상인 '카페인 중독'과 중장기증상인 '카페인 이탈(의존)' 등 두 가지로, 둘 다 카페인이 원인으로 작용한다.

카페인 중독

단기간 대량의 커피를 마셨을 때, 바람직하지 않은 생리반응이 심신에 나타난다. 이는 카페인 과잉 섭취에 의한 급성증상으로, '카페인 중독'이라고 불린다. 카페인 중독이라는 말을 카페인 상용 및 곧이어 설명할 카페인 의존의 의미로 쓰는 사람이 있는데, 의학상 틀린 말이다. '중독intoxication'이란 급성 유해작용을 가리키는 용어로, 예를 들어 알코올에서도 예전에는 '급성 알코올 중독' '만성 알코올 중독'이라는 말을 사용했지만, 현재 후자는 '알콜 의존증'이라고 불린다.

카페인 대량 섭취는 불안과 불면 등 정신증상과 손발 떨림(진전), 동기, 속쓰림 등 신체증상을 유발할 수 있다. 정신질환 진단의 기준 중 하나인 'DSM-5(정신질환 진단과 통계 메뉴얼 제5판)에서는, 카페인 250mg 이상을 섭취했을 때 신경과민과 안면홍조 등 12개 진단항목 중 5개 이상이 나타날 경우 '카페인 중독'으로 본다. DSM-5에서는 커피 한 잔을 카페인 100~200mg으로 보기 때문에 '한 번에 커피 두세 잔 이상을 마시면 증상이 나타날 수 있다'는 계산이 나온다. 또한 진단상 누락되지 않도록 엄격한 수치를 내세우고 있기 때문에 이 양으로 누구나 반드시 증상이 나타나는 것은 아니다.

카페인 급성 중독은 통상 아무 조치를 하지 않더라도 그날 안에 회복되고 특히 눈에 띄는 후유증도 없다. 다만 매우 많은 양을 섭취했을 때 구명조치가 필요할 수 있으며, 아주 드물지만 목숨을 잃는 사례도 보고되었다. 물론 이런 사고의 대부분은 카페인 정제를 대량 복용해서 생긴 일이다. 카페인의 치사량은 일반적으로 5~10g 정도라고 한다. 하지만 50g 이상 섭취하고도 생존한 사람이 있는가 하면, 중증 간장애를 지닌 사람이 1g만으로 사망한 사례도 있다. 단 일반 커피로 치사량을 섭취하려면 50잔 이상을 한꺼번에 마셔야 한다는 계산이 나온다. 현실적으로 불가능에 가까운 수치다. 커피를 너무 많이 마셔 사망한 사례 역시 아직까지 보고된 적이 없다.

카페인 이탈(카페인 의존)

평소 커피나 카페인을 상용하는 사람 중에는 마지막으로 섭취한 후 반나절에서 이틀이 지나면 두통과 집중력 저하, 피로감, 졸음 등의 증상이 나타나는 경우가 있다. 이는 '카페인 이탈'이라고 하는 퇴약 증상으로, 두통이 현저하게 나타난다는 이유로 '카페인 이탈 두통'이라고도 부른다.

카페인 이탈은 일반적으로 하루 섭취량이 400mg을 넘는 상용자에게 나타나는 증상이다. 물론 같은 양으로도 증상이 나타나지 않는 사람이 있는가 하면, 훨씬 적은 100mg에도 증상이 나타날 수 있다. 두통 등 신체증상(신체의존)과 불안 등 정신증상(정신의존) 두 가지가 있는데, 알코올 등 다른 약물 의존과 비교하면 증상의 강도는 매우 경미하다. 이러한 증상은 소량의 카페인을 섭취하면 바로 해소된다. 굳이 카페인을 섭취하지 않더라도 1~4일쯤 지나면 사라지며, 후유증도 없다. 이탈 시 카페인을 요구하는 갈망은 있지만, 마약 및 각성제와는 달라서 범죄를 일으키면서까지 손에 넣는 일은 없다. 의지력만으로 충분히 자제 가능한 범위라는 의미다. 또 효과가 사라지기 시작하면 사용량이 증가하는 문제(내성)는 일반적으로 발생하지 않는다.

종합하면 '경미한 신체·정신적 증상은 나타나지만 단기간에 사라지고, 내성은 부분적이며, 문제행동도 일으키지 않는다.' 따라서 마약과 각성제는 물론 알코올이나 담배 등과 비교해도 매우 안전하다는 게 현재 카페인 이탈에 대한 일반 개념으로 통하고 있다.

카페인과 내성

'내성은 부분적'이며 '사용량이 계속 증가하는 현상은 없다'고 설명했지만 고개를 갸우뚱하는 사람도 있을지 모르겠다. 졸음을 깨는데 커피가 예전만큼 효과가 없다거나 갑자기 마시는 양이 늘었다는 경험담을 종종 들었으며, 나 자신 여러 차례 그런 경험을 했다. 그럼에도 25년 이상 계속 마시고 있는데 지금도 매일 아침 첫 잔에 머리가 맑아지며, 일시적으로 마시는 양이 증가하더라도 다시 원래대로 돌아온다. 이를 의학상으로 '내성이 생기기 어렵다'고 한다. 이뇨작용과 혈압 상승 등 말초작용에서는 얼마간 카페인 내성이 나타날 수 있지만 각성과 흥분 등 중추작용에서는 내성이 생기지 않는다. 이와 관련해 뇌의 A2A 수용체에 내성이 생기기 어렵고, A2A만으로도 충분한 중추흥분작용을 발휘할 수 있기 때문이라는 설이 있다. 단지 아주 많은 카페인(1일 750~1200mg)을 상용하는 사람의 중추에서 내성이 나타난 경우가 있기는 하다. 이는 카페인의 주요 분해효소CYP1A2가 카페인 섭취로 생산되기 쉬워져서 간에서 분해가 촉진되기 때문이라고 추정된다.

"충분히 마셨는데 이상하게 효과가 없네."라며 납득하지 않는 사람도 있을 것이다. 어쩌면 카페인 효능보다는 수면부족과 피로 누적이 원인일 수도 있다. 카페인은 기본적으로 '수면부족 기미'나 '피로감'을 일시적으로 억제할 뿐, 수면과 휴식 그 자체를 대신할 수는 없다. 또 사람이 커피를 마시는 양은 정신적 스트레스가 강할 때 증가하는 경향이 있다. 아마도 무의식중에 카페인에 의한 이완효과를 기대하기 때문인 듯하다. '커피를 마시고픈 욕망이 급증하는 현상은 스트레스의 바로미터'라고 해도 좋을 것이다.

그러나 모두가 짐작하듯이 커피의 스트레스 저감 효과에도 한계가 있다. 커피를 마시는 양이 갑자기 늘었다면, 다른 스트레스 해소법을 찾거나 스트레스 원인 자체를 없앨 방법을 강구하는 게 현명한 길이리라.

과음과 적정량의 경계선

과음했을 때의 폐해는 알겠는데, 어디까지가 적정량이고 어디부터가 과음일까. 전일본커피협회가 매년 실시하는 설문조사에 따르면 일본인은 매주 평균 10~11잔이 적정하다고 대답한다. 또 40~69세를 대상으로 한 조사에 의하면 ① 거의 마시지 않는다, ② 주 1~몇 잔, ③ 하루 1~2잔이 각각 약 30% 정도를 차지했다. 일본의 경우 국민 1인당 소비량은 적은 나라다. 세계 1위인 핀란드는 하루 3~4잔이 평균이다. 또 커피로 유명했던 작가 보들레르가 매일 10잔, 발자크는 집필할 때 하루 50잔 이상 마셨다고 전해진다.

마시는 양의 차이는 식문화 및 습관뿐 아니라 유전과도 연관되는지 모르겠다. 최근 카페인 분해에 관한 두 가지 유전자CYP1A2AHR의 유전적 차이가 커피 상용과 상관된다는 논문이 나왔다. 카페인 분해 능력이 선천적으로 별로 없는 사람은 급성작용이 나타나기 쉬워 불쾌하게 느끼는 경험을 많이 하기 때문에, 자연스레 커피를 피하게 된다는 것이다. 또 한 잔당 카페인 함유량에는, 같은 150ml 레귤러커피라도 40~180mg으로 4배 이상 차이가 날 수 있다. 배전과 추출법의 차이라기보다는 한 잔에 사용하는 커피 양 차이가 더 큰 요인일 것이다. 역학 분야에서는 '한 잔당 100mg'으로 환산하는 게 관례였지만, 최근 조사에서는 실제 양이 60~90mg으로 조금 적은 것으로 알려졌다.

일반 성인의 적정량 기준

'지나치게 마시면 몸에 독이 된다'고 간단하게 말하지만, 그 '지나침'의 기준은 무엇일까? 커피를 마신 후 실제 좋지 않은 반응이 나타난 경우 '지나치게 마셨다'고 말하는 것일 뿐, 문제가 일어나지 않으면 어느 정도를 마시든 상관없다고 생각하는 사람도 적잖을 것이다. 적어도 커피를 너무 많이 마셔서 죽은 사람은 과거에든 현재든 알려진 바가 없다. 반면 보들레르나 발자크처럼 다량으로 마셔도 지장이 없는 사람의 사례는 수없이 많다. 그런 의미에서 커피는 술과 비교해도 해가 적은 편이다. 하지만 커피를 한 잔만 마셔도 기분이 나빠진다고 말하는 사람도 의외로 많다. 즉 '적정량'의 개인차가 매우 크다는 얘기다.

어디까지나 일반론으로 얘기할 때, 건강한 성인이 커피 3잔 이상(카페인 250mg 이상)을 한꺼번에 마시면 급성 카페인 중독 증상이 생긴다고 한다. 또 장기간 음용한 경우, 하루 4~5잔 정도라면 질환 위험의 영향은 걱정하지 않아도 된다. 단 이 말은 그보다 많이 마시면 위험하다는 의미가 아니라 그 이상 마시는 사람의 데이터가 적기 때문에 현 시점에서는 명확하게 밝힐 수 없다는 의미다. 짐작컨대 앞으로 좀 더 마셔도 괜찮다는 쪽으로 흘러갈 것이라고 본다.

다만 문제의 여지가 있는 것이 카페인 이탈이다. 이러한 의존증은 기분 좋은 상황이 아님에는 분명하다. 그렇더라도 커피를 즐겨 마시는 사람 모두에게 카페인 이탈이 나타나는 건 아니며, 지금처럼 마시고 싶을 때 언제든 커피를 마실 수 있는 환경이라면 큰 불

스트레스 완화
(마시는 즐거움, 맛있음),
마음으로의 영향

카페인 이탈 두통

(바이러스성 간염)
간암 위험 저하↓

(임산부) 유산
위험 증가↑↑

심혈관 위험 저하↓

(패닉 증후군)
증상 악화

당뇨병
위험 저하　↓

(우울증) 항우울증
약의 효과 저하↓

간암 위험 저하

방광암 위험 증가↑

파킨슨병 위험 저하 ↓

GOOD

EVIL

그림 8-3 커피와 건강을 생각한다

편함은 없다. 간혹 참아야 하는 상황이 온다고 해도 2~4일이면 해소가 된다. 그러니 어느 쪽을 선택할지는 본인의 몫이다.

섭취에 주의가 필요한 사람

대다수에게 문제가 없지만 커피 섭취에 주의가 필요한 상황은 여러 번 보고된 바 있다.

임신 초기 여성

임신 초중기(8~28주)에 지속적으로 카페인을 다량 섭취한 사람은, 그렇지 않은 사람에 비해 유·사산의 위험이 높은 것으로 밝혀졌다. 산부인과 의사들은 임신 중인 여성에 대해 격한 운동이나 흡연, 음주를 피하고, 먹던 약도 중지하도록 지도한다. 여기에 '카페인을 과다하게 지속적으로 섭취하지 말 것'을 권한다. 다만 정상적인 임신에서도 약 15%의 자연유산 가능성이 있기 때문에 하루 2~3잔 이내라면 위험에 차이가 없다는 보고가 나오기는 했다. 커피를 마시고 싶지만 불안함 때문에 꺼려진다면 세 번째 잔부터는 무카페인으로 마시는 것도 하나의 방법일 듯하다.

어린이와 청소년

카페인은 WHO의 기초의약품 목록에 소아무호흡증과 우울증 등의 치료약으로 기재되어 있다. 따라서 어린이에게 미치는 영향 및 안전성 검증은 이미 여러 차례 진행되었다. 카페인 대사 능력은 어린이와 성인이 다르지 않지만, 같은 양을 마신 경우 체구가 작은 어린이는 체중 대비 카페인 농도가 높아지기 때문에 급성작용이 강하게 나타날 수 있다. 회당 3mg/kg(체중 65kg 성인은 약 200mg) 이내 섭취라면, 특별히 문제가 될 일은 없을 것이다.

정신질환 등과의 관계

2011년 일본 후생성(보건부)은 종전의 4대 질병에 조현병과 우울증 등 정신질환을 포함해 '5대 질병' 관련 대책을 발표했다. 이를 통해 알 수 있듯 이제 정신질환은 국민의 정신건강을 위협하는 중대한 질병 중 하나가 되었다. 커피와 정신질환과의 관계는 다소 복잡하다. 최근 커피를 마시면 우울증 발병 위험이 낮아진다는 보고가 몇 건 나왔지만 다른 한편으로는 카페인이 불면증과 패닉 발작 등의 증상을 증가·악화시키고, 항우울약에 저항하여 치료를 방해한다고 알려져 있다. 이 때문에 이미 증세가 나타났거나 치료 중인 사람은 카페인 섭취를 피하거나 적어도 담당의와 상담을 해야 한다. 위염이 있거나 중증의 간기능 저하를 가진 사람도 마찬가지다.

'커피를 마시면 사람은 어떻게 되는가'에 대해 의학적인 관점에서 다각도로 살펴보았다 다만 한 가지 잊으면 안 될 것이 있다. 커피가 인생을 기쁘게 하고 윤택하게 한다는 것, 즉 '퀄리티 오브 라이프'를 향상시키는 효과이다. 여러 단점과 장점을 저울에 올려(그림 8-3), '스스로에게 무리되지 않는 양을 즐겁게 마시는 것'이 건강에 가장 좋은 음용 방법이 아닐까 한다.

과학의 눈으로 본 커피의 세계, 어떠셨는가? 마지막까지 읽어주신 독자에게 한 가지 질문을 하고 싶다.

"당신에게 커피란 무엇입니까?"

그렇다. 1장의 첫 문장에서 드렸던 질문이다. 나는 이것이 커피에 관한 여러 질문 중 '두 번째로 중요한 질문'이라고 생각한다. 그렇다면 첫 번째는 무엇일까?

그것은 '커피란 무엇일까'라는, 근본적이면서 생각할수록 오묘한 철학적 질문이다. 그러나 '두 번째로 중요한 질문'의 해답을 쌓아가는 동안 '커피'라는 대상을 여러 각도에서 바라봄으로써 전체상을 입체적으로 이해한다면, 지금보다는 아주 조금 더 그 대답에 가까운 것을 얻을 수 있지 않을까 하는 생각이 들었다. 만약 이 책에서 배운 내용을 통해 당신의 커피관이 이전보다 조금이라도 더 입체적으로 확장된다면, 그리고 다시 지금까지와는 다른 한 사람, 한 사람의 대답을 이끌어낼 수 있다면, 저자이자 커피 오타쿠의 한 명으로서 이보다 기쁜 일은 없을 것이다.

이 책은 (페이지를 줄이기 위해, 초고를 대폭 줄였지만) 지금까지 내가 얻은 지식의 집대성 중 하나이다. 현실 세계와 인터넷 세계를 불문하고 많은 사람들로부터 도움을 받아 이 책이 세상에 나올 수 있었다. 그 중에서도 가장 먼저 '카페 바흐'의 대표인 타구치 마모루와 타구치 후미코 부부에게 깊은 감사를 전한다. 45년 이상 자가배전 커피업계의 중심에서 활약하며 그 경험을 과학적인 시각에 근거해 이론을 체계화한, 내게 있어서는 커피 연구의 큰 산과 같은 대선배이다. 그분들은 아무것도 모르는 내게 커피의 지식과 체험, 여러 기술을 아낌없이 알려주었다. 또 그분들을 통해 커피에 조예가 깊은 많은 식자들과 교류할 수가 있었다.

《커피에 반한 남자들》《커피 귀신이 간다》 등 명저로 알려진 시마나카 료 씨에게도 깊은 감사를 전한다. 타구치 씨와 공동 저술한 《커피의 맛있는 방정식》 출판기념회 자리에서 만났을 때 "탄베 씨가 꼭 블루박스 출판사에서 책을 내야 합니다."라고 한마디 해준 것이 이 책이 나오게 된 계기가 되었다. 그리고 항상 나를 응원하고 지지해주는 시가의과대학교 미생물감염증 학부 동료들과 지인, 친구들, 가족들에게도 이 자리를 빌어 감사의 뜻을 전한다. 마지막으로 편집 담당자 이에나카 노부유키 씨와 기획 단계에서 진력을 다해주신 노가와 케이코 씨를 비롯해 본서에 관심을 베풀어준 고단샤 블루박스 여러분들께 깊은 감사의 인사를 전한다.

2016년 2월 탄베 유키히로

6년 전 이 책을 번역하자고 출판사에 제안하던 때가 떠오른다. 이 책을 만나기 전에도 나는 25년 넘게 커피 덕후로 살아왔다. 커피 관련서를 숱하게 읽어왔고, 그중 몇 권은 직접 번역까지 했지만 《커피 과학》은 완전히 결을 달리하는 책이었다.

실험과 검증을 통해 사물과 현상을 확인하는 게 본업인 과학자가, 커피에 대한 궁금증까지 과학의 눈으로 이해하고 설명한다는 것 자체가 나에게는 얼핏 모순처럼 들렸다. 그때까지 내가 아는 커피는, 경험과 기술을 가진 장인이 만들어내는 작품과도 같은 것이었기 때문이다. 그런 한편으로 과학자가 내놓은 커피에 관한 이야기라면 어쩐지 신뢰해야 할 것 같은 두려움(?)도 있었다.

묘한 감정을 떨치지 못한 채 읽어 내려가는 동안 저자의 순수한 궁금증과 이를 풀어가는 과정이 정말로 과학적이고 분석적이며 명쾌하여 지금까지 만나지 못한 새로운 커피 정보로서 손색이 없다는 감탄이 절로 나왔다. 나아가 그가 존경하는 커피 스승의 경험을 토대로 과학의 잣대가 통하지 않는 감각의 세계까지 정확히 짚어 주고 있었다. 커피인들이 과학을 알면 상품을 만드는 데 큰 도움이 된다. 그러나 과학만 가지고는 결코 좋은 상품을 만들어낼 수 없다는 사실을, 저자가 몸소 실험한 결과로 반증해내는 과정이 내게는 특히 인상적이었다.

이런 책이 커피를 하는 사람들에게 널리 읽혀야 그 무렵 확장 일로에 있던 우리의 커피 문화가 올바로 정착할 거라는 확신이 들었다. 나아가 커피에 대해 궁금해하는 일반 독자에게도 지금껏 듣지 못한 커피 지식을 제공할 거라고 생각했다. 때로 어려운 화학 용어를 이해하느라 머리를 싸매면서도 이 책을 번역해낸 건, 커피 덕후이자 커피인으로서 느끼는 일종의 사명감 때문이었다.

다행스럽게 독자들의 반응도 뜨거웠다. 쉽지 않은 내용임에도 과학 분야 베스트셀러에 오르며 많은 사랑을 받았던 이 책 《커피 과학》이 새 옷을 입고 개정판으로 출간된다. 맛있는 커피 한 잔 마시면서 이 책만의 진한 향미를 다시 한번 음미해보셨기를 바란다.

2024년 1월, 눈 내리는 날에
윤선해

| 참고문헌 |

1장

1. 田口護、旦部幸博(著)《コーヒーおいしさの方程式》(NHK出版 2014)

2. 田口護(著)《田口護D弧珠大全》(NHK出版 2003)

3. 石脇智広(著)《コーヒー「こつ」の科学》(柴田書店 2008)

4. 全日本コーヒー檢定委員會(監修)《コーヒー檢定教本》(全日本コーヒー商工
    組合連合会 2012)

5. 田口護(著)《田口護のスペシヤシティコーリー大全》(NHK出版 2011)

6. W.H. Ukers 〈All About Coffee〉(Tea and Coffee Trade Journal Co. NY, 1922
    & 1935)

7. Henri Welter 《Essai sur l'histoire du café》(C. Reinwald Editeur, Paris 1868)

2장

8. Jean Nicolas Wintgens (ed.) 《Coffee: Growing. Processing. Sustainable
    Production》(Wiley-VCH Verlag GmbH & Co. KGaA, Germany. 2009)

9. F. Anthony et al. (2010) Plant Syst. Evol. 285. 51-64.

10. 日経サイエンス編集部(編)《別冊日経サイエンス 205:食の探究》(日経サイエンス
    2015)

11. A.P. Davis et al. (2006) Bot. J. Linnean Soc. 152,465-512.

12. P. Lashermes et al. (1999) Mol. Gen. Genet. 261, 259-266.

13. F. Denoeud et al. (2014) Science 345, 1181-1184.

14. 森光宗男(著)《モカに始まり》(手の間文庫 2012)

15. RID. De Castro & P. Marraccini (2006) Braz. J. Plant Physiol. 18 175-199.

16. H. Ashihara et al. (2008) Phytochemistry 69. 841-856.

3장

17. 臼井隆一郎(著)《コーヒーが廻り世界史が廻る》(中公新書 1992)

18. ラルフ・S・ハトックス(著)《コーヒーとコーヒーハウス》(同文館出版 1993)

19. マーク・ペンダーグラスト(著)《コーヒーの歴史》(河出書房新社 2002)

20. アントニー・ワイルド(著)『コーヒーの真実』(白揚社 2007)

21. ベネット・アラン・ワインバーグほか(著)《カフェイン大全》(八坂書房 2006)

22. 福井勝義ほか(著)《世界の歴史24:アフリカの民族と社会》(中央公論社 1999, 中公文庫 2010)

23. Richard Pankhurst《The Ethiopian Borderlands》(Red Sea Pr. Lawrenceville, NJ, 1997)

24 USAID (2005) 〈Moving Yemen coffee forward〉 (http://pdf.usaid. /pdf_docs/Pnadf516.pdf 2015년 12월 15일 검색)

25. A Lécollier et al. (2009) Euphytica 168, 1-10.

26. S. Spindler (2000) 〈Brazil Internet Auction: The Grand Experiment〉 Tea & Coffee Trade J. Online 172, No.2 (http://teaandcoffee.net/0200/2015년 12월 15일 검색)

27. S. Ogita, H. Sano et al. (2003) Nature 423, 823.

4장

28. 日本化学会(編)《化学総説 14:味とにおいの化学》(明本化学会 1976)

29. 石川伸一(著)《料理と科学のおいしい出会い》(化学同人 2014)

30. J. Chandrashekar et al (2006) Nature 444, 288-294.

31. 重村憲徳ほか (2007) 細胞工学 26, 890-893.

32. 稲田仁,富永真琴 (2007) 細胞工学 26, 878-882.

33. 岡勇輝 (2014) 実験実学 32, 2912-2916.

34. J.E. Hayes et al. (2011) Chem. Senses 36, 311-319.

35. N. Pirastu et al. (2014) PLoS ONE 9, e92065

36 W. Meyerhof et al. (2010) Chem. Senses 35, 157-170.

37. R. Matsuo (2000) Crit. Rev. Oral Biol. Med 11, 216-229.

38. 東原和成ほか(著)《においと味わいの不思議》(虹有社 2013)

39. ゴードン・M・シェファード (著)『美味しさの脳科学』(インターシフト 2014)

40. T. Michishita et al. (2010) J. Food Sci. 75, S477−489.

41. ベルトラン・G・カッツング(著)《カッツング薬理学 原書10版》(丸善 2009)

42. 嶋中労(著)《コーヒーに憑かれた男たち》(中公文庫 2008)

43. 全日本コーヒー商工組合連合会日本コーヒー史編集委員会(編)《日本コーヒー
    史》(全日本コーヒー商工組合連合会 1980)

5장

44. O. Frank, T. Hofmann et al. (2006) Eur. Food Res. Technol. 222, 492−508.

45. O. Frank, T. Hofmann et al. (2007) J. Agric. Food Chem. 55, 1945−1954.

46. S. Kreppenhofer, T. Hofmann et al. (2011) Food Chem. 126, 441−449.

47. 中林敏郎ほか(著)《コーヒー焙煎の化学と技術》(弘学出版 1995)

48. R.J. Clarke & O.G. Vitzthum (eds.)《Coffee: Recent Developments》
    (Blackwell−Science Ltd, Oxford, 2001)

49. I. Flament《Coffee Flavor Chemistry》(John Wiley & Sons, Ltd, Chichester,
    West Sussex, UK, 2001)

50. M. Czerny, W. Grosch et al. (1999) J. Agric. Food Chem. 47, 695−699

51. E. Ludwig et al. (2000) Eur. Food Res. Technol. 211, 111−116

52. B. Bouyjou et al. (1999) Plantations, recherche, développement 6, 107−115.

6장

53. 柄沢和雄、田口護(著)《コーヒー自家焙煎技術講座》(柴田書店 1987)

54. 星田宏司ほか(著)《珈球、味をみがく》(雄鶏社 1989)

55. K. Davids《Coffee. A Guide to Buying, Brewing, and Enjoying》(S. Martin's
    Press, NY, 2001)

56. N. Bhumiratana, K. Adhikari et al. (2011) LWT Food Sci. Technol 44, 2185−
    2192.

57. 佐藤秀美(著)《おいしさをつくる'熱'の科学》(柴田書店 2007)

58. 杉山久仁子 (2009) 伝熱 48(204), 37−40

59. E. Virot & A. Ponomarenko (2015) J. Royal Soc. Interface 12. 20141247.

60. P. S. Wilson (2014) J. Acoust. Soc. Am. 135, EL265−269.

61. S. Schenker (2000) D.Phil thesis. No. 13620. ETH Zurich.

62. J. Baggenstoss (2008) D. Phil thesis. No. 17696. ETH Zurich.

63. 妹尾裕彦 (2009) 千葉大学教育学部研究紀要 57, 203−228.

64. 山内秀文(編)《Blend, No. 1》(柴田書店, 1982)

65. 岡崎俊彦《大和鉄工所のコーヒー焙煎機(マイスター) 資料集》(http/ www. daiwa−tekoco.jp/coffee/ 2015년 12월 15 검색)

7장

66. コルトフ(編著)《分析化学》(広川書店 1975)

67. 田口護(著)《カフェ・バッハ ペーパードリップの抽出技術》(旭屋出版 2015)

68. E. Illy & L. Navarini (2011) Food Biophysics 6, 335−348.

69 芝原耕平(1928) JOCK講演集 第5輯, 123−132

70. E. Aborn (1912) Tea and Coffee Trade J. 23 (Suppl.), 49−52.

71. R.C. Wilhelm (1916) Tea and Coffee Trade J. 31, 338−339.

72. W.B. Harris (1917) Tea and Coffee Trade J. 32, 336−337.

73 関口一郎(著)《堀球の焼煎と抽出法ーカフェ・ド・ランブル》(いなほ書房 2014)

74. E. Bramah & J. Bramah《Coffee Makers: 300 Years of Art & Design》(Quiller Press, Wykey, UK, 1992)

75. おいしい探検隊(編)《OYSYコーヒー・紅茶》(柴田書店1994)

76. M. White《Coffee Life in Japan》(University of California Press; Berkeley, CA, 2012)

8장

77. FTC Charges Green Coffee Bean Sellers with Deceiving Consumers through Fake News Sites and Bogus Weight Loss Claims, press release, 2014−May− 19. (https://www.ftc.gov/news−events/pressreleases/2014/05/ftc−charges−

green-coffee-bean-sellers-deceiving: 2015년 12월 15일자 アクセス)

78. 野田光彦(編著)《コーヒーの医学》(日本評論社2010)

79. 薬原久(著)《カフェインの科学》(学会出版センター 2004)

80. P. Philip et al. (2006) Ann. Intern Med. 144, 785-791.

81. K. Ker et al. (2010) Cochrane Database Syst. Rev. CD008508.

82. S. Ferré (2008) J. Neurochem. 105, 1067-1079.

83. D. Borota et al. (2014) Nat Neuroscil 17, 201-203.

84. 世界アンチ・ドーピング機構 (2015) 禁止表 (http://listwada-ama.org/jp/ 2015 년 12월 15일 접속)

85. L.M. Burke (2008) Appl. Physiol. Nutr Metab. 33, 1319-1334.

86. C. Weiss et al. (2010) J. Agric. Food Chem. 58, 1976-1985.

87. H. Heckers et al. (1994) J. Intern. Med. 235, 192-193.

88 SR. Brown et al. (1990) Gut 31.450-453.

89. R.M. van Dam & E.J. Feskens (2002) Lancet 360, 1477-1478.

90. R. Huxley et al. (2009) Arch. Intern. Med. 169,2053-2063.

91. N.M. Wedicket al. (2011) Nutr. J. 10,93.

92. F. Bravi et al. (2013) Clin. Gastroenterol, Hepatol. 11, 1413-1421.

93 E. Giovannucci (1998) Am. J. Epidemiol. 147, 1043-1052.

94 Y. Je, E. Giovannucci et al. (2009) Int. J. Cancer. 124, 1662-1668.

95. W. Wu et al. (2015) Sci. Rep. 5,9051.

96. I. Kawachi et al. (1994) Br. Heart J. 72, 269-275.

97. S. Malerba et al. (2013) Eur, J. Epidemiol. 28, 527 - 539.

98. R. Liu et al. (2012) Am. J. Epidemiol. 175, 1200-1207.

99. N.D. Freedman et al. (2012) N. Engl. J. Med. 366, 1891-1904.

100. E. Saito et al. (2015) Am. J. Clin. Nutr. 101, 1029-1037.

101. A. Crippa et al. (2014) Am. J. Epidemiol. 180, 763-775. 102. EFSA (2015) 〈Scientific Opinion on the safety of caffeine〉 EFSA Journal 13, 4102.

그림 2-2. Angiosperm Phylogeny Website (http://www.mobot.org/mol, research/ apweb/ 2015년 12월 15일 검색). B. Bremer & T. Eriksson (2009) Int. J. Plant Sci. 170, 766-793. Q. Yu et al. (2011) Plant J. 67, 305-317.

그림 2-3. A.P. Davis et al. (2011) Bot. J. Linnean Soc. 167, 357-377.

그림 2-5. P. Lashermes et al. (1993) Genet. Res. Crop. Evol. 40, 91.99. P. Lashermes et al. (1996) Theor. Appl. Genet 93, 626-632.

표 4-1. F. Hayakawa et al. (2010) J. Sensory Studies 25,917-939.

표 4-3. C. Narain et al. (2003) Food Qual. Prefer. 15, 31-4l.

그림 5-6. S. Avalone et al. (2001) Curr. Microbiol. 42,252-256.

그림 5-7. C.F. Silva et al. (2008) Food Microbiol. 25, 951-957.

그림 7-9. Y. Li et al. (2015) Soft Matter 11, 4669-4673.

그림 8-1. A. Rosner (2011) J. Bodywork Movement Ther. 16, 42-49.

옮긴이 윤선해

번역가이자 커피 관련 일을 하는 기업인이다. 일본에서 경영학과 국제관계학을 공부한 뒤 한국으로 돌아와 에너지업계에 잠시 머물렀다.

일본에서 유학할 당시 대학 전공보다 커피교실을 열심히 찾아다니며 커피의 매력에 푹 빠져 지냈기 때문에, 일본에서 커피를 전공했다고 생각하는 지인들이 많을 정도다. 그동안 일본 커피 문화를 소개하는 책들을 주로 번역해왔다. 옮긴 책으로《새로운 커피교과서》《종종 여행 떠나는 카페》《도쿄의 맛있는 커피집》《호텔 피베리》《커피 스터디》《향의 과학》《커피집》《커피 과학》《커피 세계사》《카페를 100년간 이어가기 위해》《스페셜티커피 테이스팅》이 있다.

현재 후지로얄코리아 대표 및 로스팅 커피하우스 'Y'RO coffee' 대표를 맡고 있다.

커피 과학

첫판 1쇄 펴낸날   2017년 12월 26일
개정판 1쇄 펴낸날   2024년 1월 25일

지은이 | 탄베 유키히로
옮긴이 | 윤선해
펴낸이 | 지평님
본문 조판 | 성인기획 (010)2569-9616
종이 공급 | 화인페이퍼 (02)338-2074
인쇄 | 중앙P&L (031)904-3600
제본 | 명지북 프린팅 (031)942-6006
후가공 | 이지앤비 (031)932-8755

펴낸곳 | 황소자리 출판사
출판등록 | 2003년 7월 4일 제2003-123호
대표전화 | (02)720-7542   팩시밀리 | (02)723-5467
E-mail | candide1968@hanmail.net

ⓒ 황소자리, 2017

ISBN 979-11-91290-31-8 03570

* 잘못된 책은 구입처에서 바꾸어드립니다.